Joachim Frische und Herbert Finck • Korallenfische

Joachim Frische und Herbert Finck

Korallenfische

Pflege und Besatzvorschläge

Dähne Verlag

Fotonachweis: Alle Fotos und Grafiken, außer den namentlich gekennzeichneten, sind von den Verfassern

Bibliografische Information der Deutschen Bibliothek

Die Deutsche Bibliothek verzeichnet diese Publikation in der Deutschen Nationalbibliografie; detaillierte bibliografische Daten sind im Internet über http://dnb.d-nb.de abrufbar.

Joachim Frische und Herbert Finck
Korallenfische
ISBN 978-3-935175-64-7

Lektorat: Ulrike Wesollek-Rottmann
Herstellungsleitung: Ulrike Stauch
Layout: Nadine Gmeiner
Umschlaggestaltung: Daniela Gröbel
Druck: Kraft Druck GmbH, Ettlingen
Printed in Germany

Fahnenbarsche tummeln sich in den Zweigen einer *Rumphella* sp.

Inhalt

Foto: Jürgen Pfleiderer

Was auf Sie zukommt

Riffaquarium im Staatlichen Museum für Naturkunde Karlsruhe.

Für uns Meerwasseraquarianer ist – von Ausnahmen abgesehen – ein Riffaquarium ohne Korallenfische kaum denkbar. Korallenfische gehören einfach dazu. Das Interesse an ihnen ist nach wie vor groß und in den letzten Jahren durch die Einfuhr neuer, vor allem klein bleibender Arten eher noch gestiegen. Umso wichtiger ist es, dass wir uns darüber im Klaren sind, wie Korallenfische artgerecht gepflegt werden.

Unter artgerechter Pflege verstehen wir:

- Sinnvolle Zusammenstellung der Riffgemeinschaft
- Ausreichend große, den gepflegten Arten angepasste Aquarien
- Artkonforme Gestaltung des Riffaufbaus

Foto: Jürgen Pfleiderer

- Sozialverträgliche Vergesellschaftung innerhalb der Fischarten
- Ausreichende und abwechslungsreiche Ernährung

Wir werden in diesem Buch Korallenfische vorstellen, deren Pflege nach unserer Erfahrung in einem Riffaquarium sinnvoll und erfolgreich ist. Nahrungsspezialisten und zu groß werdende Fischarten werden Sie hier nicht finden.

Da die meisten Meerwasseraquarianer Becken zwischen 100 Litern und 1000 Litern besitzen, haben wir uns auf diesen Bereich beschränkt und eine Unterteilung in drei Gruppen 100 bis 300 Liter, 300 bis 600 Liter und 600 bis 1000 Liter vorgenommen. Für jede Klasse werden wir eine nach unserer Meinung sinnvolle Auswahl interessanter Korallenfische vorstellen.

Zusätzlich haben wir in den Bildern Größenangaben – wo notwendig – innerhalb der Gruppen gemacht, um zu verhindern, dass Fische in für sie zu kleine Aquarien gesetzt werden. Dass diese Größenangaben nicht die Zustimmung aller Leser finden werden, dessen sind wir uns bewusst, haben aber unsere eigenen Erfahrungen anderen Angaben vorgezogen.

Das vorliegende Buch wird Ihnen bei der Auswahl der Fischarten für ein Aquarium von gewünschter oder vorhandener Größe helfen. Es möchte Ihnen zusammen mit dem Bildmaterial nicht nur eine Entscheidungshilfe bei der Auswahl geeigneter Korallenfische geben, sondern es auch ermöglichen, Ihrem Fachhändler zu zeigen, welcher Fisch es denn sein soll.

Joachim Frische und Herbert Finck
Penzberg und Wolfratshausen Juni 2010

Foto: Jürgen Pfleiderer

von oben:
Nährstoffarmes Wasser ist die Voraussetzung für ein gutes Korallenwachstum. Bei der Auswahl und der Anzahl der Fische muss darauf geachtet werden.

Fische wissen ihre Anwesenheit zu schätzen: Weißband-Putzergarnele *Lysmata amboinensis*.

Besatzempfehlungen für Aquarien mit 100 bis 300 Litern

Familie Gobiidae – Grundeln

Gattung *Elacatinus* – Putzergrundeln

Verwirrend ist, dass die Arten dieser Gattung häufig auch mit den Gattungsnamen *Gobiosoma* geführt werden. So findet man beispielsweise bei der Rotkopf-Putzgrundel sowohl den Namen *Elacatinus puncticulatus* als auch den Namen *Gobiosoma puncticulatus*. Woher kommt das?

Ursprünglich waren alle Putzergrundeln der Gattung *Gobiosoma*, die 1858 von Girard etabliert wurde, zugeordnet. Im Jahr 1968 haben dann Böhlke & Robins die Putzergrundeln überarbeitet und 13 Arten in die Gattung *Elacatinus* überführt. Diese Grundel-Gattung war 1904 von Jordan kreiert worden. Aktuell enthält die Gattung *Elacatinus* 34 Putzergrundel-Arten, in der Gattung *Gobiosoma* findet man 15 (WoRMS 2010).

Lebensweise in der Natur

Verbreitungsgebiete dieser Gattung sind die Karibik, der Golf von Mexiko und die Pazifikküste Mittelamerikas. Stellvertretend für alle Putzergrundel-Arten der Gattung *Elacatinus* wollen wir die in der nachfolgenden Arbeit enthaltenen Angaben zur Lebensweise wiedergeben. Taylor et al. (2002) haben drei Putzergrundel-Arten der Gattung *Elacatinus* eingehend studiert. Es handelt sich um *Elacatinus gemmatus* (TL ➜ Totallänge mit Schwanzflosse = 2,5 cm), *Elacatinus pallens* (TL = 1,9 cm) und *Elacatinus dilepis* (TL = 2,5 cm).

unten von links nach rechts:
Randalls Putzgrundel *Elacatinus randalli*.

Elacatinus puncticulatus – Rotkopf-Putzgrundel.

Eine Neon-Putzgrundel – *Elacatinus oceanops* putzt einen Orangefleck-Doktorfisch.

Foto: Jürgen Pfleiderer

Foto: Jürgen Pfleiderer

Elacatinus gemmatus bewohnt häufig Höhlen, die von der Käferschnecke *Choneplax lata* beim Abweiden der roten Kalkalge *Porolithon pachydermum* entstehen. Die Höhlengänge weisen einen Durchmesser von etwa 1 cm auf und sind 6 bis 10 cm lang. Hier leben die Tiere meist paarweise.

Elacatinus pallens hält sich ebenfalls in solchen Höhlen auf, benutzt aber auch die Spalten und Nischen von strukturiertem Kalkgestein als Unterschlupf. Außerdem kann man sie auch in Steinkorallen der Gattungen *Montastrea* und *Siderastrea* (Durchmesser von 20 bis 30 cm) finden. Auch diese *Elacatinus*-Art kommt meist in Paaren vor.

Elacatinus dilepis besiedelt in Gruppen von bis zu sechs Tieren Kalkgestein, das von Kalkalgen üppig überwachsen ist, hält sich aber auch in Steinkorallen der Gattung *Siderastrea siderea* oder in Schwämmen der Art *Verongula gigantea* (Durchmesser bis 30 cm) auf.

Geschlechtsmerkmale, Fortpflanzung

Geschlechtsspezifische Phänotypen sind bei den Putzergrundeln bisher nicht bekannt. Whiteman et. al. (2002) haben Geschlechtsunterschiede im Putzverhalten und in der Ernährung bei der monogam lebenden *Elacatinus evelynae* festgestellt. Die Wissenschaftler fanden heraus, dass die Weibchen die Fische rund fünf Mal länger putzen als die Männchen und so auch mehr Nahrung aufnehmen. Erklärt wird dieses Verhalten damit, dass die Weibchen wegen der Produktion ihrer Eier mehr Energie aufwenden müssen.

Wer das Glück hat, ein Paar Putzergrundeln zu besitzen, wird alsbald beobachten können, dass die Tiere nach einer wenig spektakulären Balz in Spalten oder Nischen der Dekoration ablaichen. Die Eier sind elliptisch und haben eine Länge von zwei bis drei Millimetern. Nach rund acht Tagen schlüpfen aus diesen drei bis vier Millimeter lange Larven, die sich mit *Brachionus* sp. versorgen lassen. Das Larvenstadium dauert etwa drei Wochen. Danach setzt die Metamorphose ein. Über die erfolgreiche Aufzucht von *Elacatinus evelynae* und *Elacatinus oceanops* gibt es Berichte (z. B. Baensch & Debelius 1992, Fosså & Nilsen 1993, Brons 2000).

Die Pflege im Aquarium

Einige Putzergrundel-Arten lassen sich in Gruppen pflegen. Dies ist insbesondere der Fall bei der Neongrundel *Elacatinus oceanops*. Baensch & Debelius (1992) berichten, dass sie Gruppen mit bis zu 30 Exemplaren beobachtet haben. Die Vergesellschaftung monogam lebender Putzergrundeln ist dagegen schwieriger. Hier sind oft mehrere Anläufe nötig, bis man ein harmonisierendes Paar besitzt. Um den Grundeln ideale Lebensbedingungen zu bieten, sollten die Riffaquarien mit gut strukturierten Aufbauten und Korallen ausgestattet sein. Die Nahrungsaufnahme ist bei den im Handel üblicherweise angebotenen Arten kein Problem. Wir hatten mit Salinenkrebschen, Fischeiern und *Cyclops* immer Erfolg. Die Grundeln dürfen auf keinen Fall mit piscivoren Fischen vergesellschaftet werden, da diese die Grundeln als willkommene Beute ansehen.

Foto: Jürgen Pfleiderer

Foto: Jürgen Pfleiderer

von oben:
Elacatinus oceanops.

Lythrypnus gilberti zählt ebenfalls zu den Putzgrundeln.

Elacatinus multifasciatus – Grünstreifen-Putzgrundel.

Gattung *Eviota* – Zwerggrundeln

Der Gattungsname *Eviota* steht für das, was deren Angehörige sind: winzig (Schmettkamp 1985). Die insgesamt 61 Arten (WoRMS 2010), die dieser Gattung zugerechnet werden, messen im Durchschnitt weniger als drei Zentimeter (Allen 2001).

Unterschiedliche Zwerggrundelarten können bei ausreichendem Versteck- und Platzangebot miteinander vergesellschaftet werden.

Lebensraum

Die kleinen Grundeln leben in den Korallen- und Felsenriffen des Westindischen sowie des Zentralen Pazifiks (Allen, 2001). Sie kommen dort in großer Anzahl vor. Taru & Sunobe (2000) liefern Angaben zur Größe des Lebensraums von *Eviota abax*. Demnach beanspruchen Männchen, die in ihrer Wohnröhre ein Gelege bewachen, ein Areal von 20 x 20 cm bis 20 x 80 cm, Männchen ohne Gelege sind in einem Bereich von ungefähr 20 x 60 cm aktiv. Die größte Variabilität hinsichtlich des Lebensraums zeigen die Weibchen. Sie belegen Areale von 20 x 20 cm bis hin zu 30 x 80 cm.

Die Grundeln der Gattung *Eviota* lassen sich aufgrund ihrer farblichen Merkmale leicht den jeweiligen Arten zuordnen. So fällt schnell ins Auge, dass einige Arten der Gattung *Eviota* Mischpopulationen bilden. Allen (2001) beschreibt dies für die zwei Arten *Eviota raja* und *Eviota mikiae*, die sich in gemischten Gruppen von 10 bis 20 Tieren zusammenfinden.

Geschlechtsmerkmale

Einige Arten weisen phänotypische Unterscheidungsmerkmale auf. Bei *Eviota prasina* (Sunobe & Nakazono 1998) und bei *Eviota abax* (Taru & Sunobe 2000, Kitamura et al. 2002) ist es die Länge des 1. und/oder 2. Rückenflossenstrahls der ersten Rückenflosse. Die Strahlen sind bei den Männchen deutlich länger als bei den weiblichen Artgenossen.

Dies gilt jedoch nicht für alle Arten. So sind bei *Eviota raja* und *Eviota mikiae* keine Unterschiede in der Strahlenlänge erkennbar, hier wird die unterschiedliche Form der Genitalpapille zur Verifizierung herangezogen. Bei den Männchen ist diese lang und schlank, während für die Weibchen eine kurze und zwiebelartige Genitalpapille charakteristisch ist.

Taru (2000) erwähnt die Körpergröße als Unterscheidungsmerkmal. Demnach bleiben die Weibchen kleiner als die Männchen. Anwendbar sei dies jedoch nur auf ausgewachsene Tiere.

Paarungsverhalten und Fortpflanzung

Viele Arten der Gattung *Eviota* sind saisonale Laicher. So auch *Eviota abax*, auf die wir hier im Folgenden beispielgebend eingehen möchten. Taru (2000) beobachtete in der Zeit vom 16. Juli bis 14. September 1996 ein Kontrollfeld der Größe von

1,8 m x 3 m. Die *Eviota abax*-Kolonien wurden zwischen ein und drei Mal täglich in der Zeit zwischen 5:30 Uhr und 19:00 Uhr aufgesucht. Insgesamt brachten es die Wissenschaftler auf 139 Beobachtungsstunden. Die Temperatur des Meeres schwankte in der untersuchten Jahreszeit zwischen 20,4 und 26,3 °C.

Um eine Zuordnung der in diesem Areal lebenden *Eviota abax* vornehmen zu können wurden die Fische gefangen, gemessen und auffallende Farbmuster im Bereich des Nackens notiert. Außerdem wurden die Fische durch einen individuellen Schnitt in der Schwanzflosse markiert. Insgesamt bestimmten die Forscher aufgrund der Verlängerung des 1. und 2. Rückenflossenstrahls der Männchen und der geschlechtsspezifischen Form der Genitalpapille 23 Männchen (26,1 – 42,0 mm SL > Standardlänge ohne Schwanzflosse) und 46 Weibchen (23,5 – 35,3 mm SL). Die mit dem Netz gefangenen Tiere wurden nach ihrer Katalogisierung und Markierung wieder frei gelassen.

Nach diesen Vorbereitungen konnten die kleinen Grundeln in Ruhe beobachtet werden. Es zeigte sich, dass sich die Lebensräume der Weibchen mit denen der Männchen überlappen und territorial begründete Aggressionen gegen Artgenossen sowie gegen den Sexualpartner nicht vorhanden sind.

Wie bei vielen Korallenfischen üblich, übernimmt das Männchen die Vorbereitung der Bruthöhle und die Balz. Als Bruthöhle dienen dabei kleine Höhlen, die durch das im Habitat vorhandene Gestein gebildet werden. In diesen Bauten wird ein entsprechendes Nest angelegt. Der Durchmesser einer solchen Nisthöhle liegt im Mittel bei 2 cm, die Länge beträgt maximal 12 cm. Die Beobachtungen zur Fortpflanzung erfolgten vom 16. Juli bis 26. August. In diesem Zeitraum pflanzte sich die kleine Grundel zwei Mal fort. Die Abgabe der Eier variiert mit der Mondphase und den Gezeiten. So wurden die meisten Nester immer dann angelegt, wenn der Mond halb zu- oder halb abgenommen hatte.

Zwei Möglichkeiten haben sich die Männchen angeeignet, um die Weibchen in ihre Nisthöhle zu locken. Zum einem suchen sie den Lebensraum jener Weibchen gezielt auf, der sich mit dem eigenen überlappt und fordern dort die Weibchen beharrlich auf, in ihre Nisthöhle zu folgen. Zum anderen warten sie vor ihrem Unterschlupf auf vorbeischwimmende Weibchen und balzen diese an. Gelingt es dem Männchen, ein laichbereites Weibchen von sich zu überzeugen, folgt dieses dem Männchen und beginnt innerhalb von nur fünf Minuten mit der Eiablage. Diese dauert zwischen 18 und 79 Minuten. Die Tageszeit der Balz und der Eiablage ist mit 6:00 Uhr bis 14:00 Uhr angegeben und steht in Abhängigkeit zur Ebbe. Der Laichakt beginnt drei Stunden nach dem tiefsten Wasserstand (Taru 2000).

Die Eier sind zu einem Eiballen verklebt und werden an der Wand der Nisthöhle befestigt. Nach erfolgter Eiablage verlässt das Weibchen die Höhle und überlässt dem Männchen die Bewachung und die Pflege der Eier. Die Larven schlüpfen nach etwa fünf Tagen.

Fotos: Jürgen Pfleiderer

von oben:
Eviota bifasciata – Zweistreifen-Zwerggrundel.

Eviota pellucida – Pellucida-Zwerggrundel.

Die Gattung *Eviota* im Aquarium

Im Aquarium sind frisch eingesetzte Grundeln der Gattung *Eviota* in der ersten Zeit recht scheu, selbst wenn die übrige Fischgesellschaft nur aus kleinen und ruhigen Fischen besteht. Man muss sich damit abfinden, dass man die Tiere zunächst kaum zu Gesicht bekommt. Die Pflege selbst ist einfach, wie der folgende Bericht zeigt. Sunobe (1998) hat das Fortpflanzungsverhalten von neun Arten der Gattung *Eviota* im Aquarium untersucht. Es waren die Arten *Eviota abax*, *E. albolineata*, *E. fasciola*, *E. lacrimae*, *E. melasma*, *E. prasina*, *E. prasites*, *E. queenslandica* und *E. storthynx*. Die Fische wurden mit einem Handkescher gefangen und in Aquarien mit den Maßen L60 x B30 x H28 cm (rund 50 Liter Inhalt) gebracht. Die Aquarien waren während des zweimonatigen Zeitraums der Beobachtungen mit Bodenfiltern und Lufthebern ausgestattet. Als Nahrung erhielten die Grundeln klein gehacktes Fischfleisch.

Gruppenpflege von *Eviota pellucida* ist möglich.

rechte Seite unten: *Gobiodon okinawae* – Gelbe Korallengrundel.

Abgesehen von *Eviota albolineata* und *Eviota fasciola* zeigten alle Grundeln Balzverhalten und laichten zwischen fünf und elf Mal ab. Die Männchen bauten in den Aquarien Nester, dazu trugen sie Sand in als Nisthöhlen angebotene, lichtundurchlässige Kunststoffröhren ein und säuberten die Höhlendecken mit dem Bauch. Die Röhren maßen im Durchmesser 2 cm und hatten eine Länge von 5 cm. Während der Präparation des Nestes wurden die Weibchen vertrieben. Die Balz war von intensiven Farbwechseln und auffälligen Verhaltensweisen, wie gleichzeitiges Bewegen der Brustflossen oder nickende Bewegungen des Kopfes, geprägt. Die umworbenen Weibchen folgten den Männchen zum Ablaichen in die vorbereitete Nisthöhle, wobei die Eier stets an die Höhlendecke geheftet wurden.

Gattung Gobiodon – Korallengrundeln

Die Korallengrundeln leben in der Natur in Korallenstöcken der Gattung *Acropora*. Dabei bevorzugen sie flächenwüchsige Korallen mit verlängerten, zugespitzten Ästen, die ihnen anscheinend bessere Rückzugsmöglichkeiten vor Fressfeinden bieten (Munday 2001a). Aufgrund der engen Bindung an die Korallenstöcke beanspruchen die Korallengrundeln nur sehr kleine Territorien, was für die Aquaristik bedeutet, dass sie bereits in Aquarien ab 200 Litern artgerecht gepflegt werden können.

Es gibt mündliche und schriftliche Mitteilungen verschiedener Aquarianer, nach denen die Korallengrundeln *Acropora*-Korallen schädigen. Tatsächlich scheint sich *Gobiodon okinawae* vom Gewebe der Steinkorallen zu ernähren, wie Magenuntersuchungen ergaben. Diese Feststellung darf jedoch nicht generell auf sämtliche andere Arten übertragen werden. So berichtet Munday (2001a), dass in den Mägen von *Gobiodon histrio* und *Gobiodon brochus* weder Nematocyten noch Zooxanthellen gefunden wurden, enthalten waren hauptsächlich Foraminiferen und Copepoden.

In unseren Aquarien haben *Gobiodon citrinus* lediglich vor dem Ablaichen Korallengewebe entfernt, um Platz für das Anheften der Eier zu schaffen. Die verletzten Bereiche regenerierten sich jedoch nach dem Schlüpfen der Larven erstaunlich schnell.

Wir haben beobachtet, dass *Gobiodon citrinus* ihre Wirtskorallen vehement gegen Korallen fressende Fische verteidigen. Eine Beobachtung die inzwischen durch Niedermüller et al. (2009) bestätigt wurde. Wieso aber sollten die Grundeln unter diesen Gegebenheiten dann ihre Koralle so stark schädigen, dass sie nicht überleben würde?

Foto: Jürgen Pfleiderer

Aquarienpflege

Die Pflege im Aquarium wird von fast allen Autoren als einfach und unproblematisch geschildert, wenn ganz bestimmte Voraussetzungen erfüllt werden. So dürfen keine lebhaften und schnell schwimmenden Fische im Aquarium gehalten werden, die den Grundeln das Futter wegschnappen würden. Nach unseren Erfahrungen lassen sich die Arten der Gattung *Gobiodon* mit Kleinstfutter wie *Cyclops*, Fisch- und Hummereier, Bosmiden, frisch geschlüpften Salinenkrebschen, jungen *Mysis* und Artemien ernähren. Selbst Flocken- und Granulatfutter kann gefüttert werden.

Vergesellschaftung mit Fischen aus anderen Familien

Körperlich überlegene Fischarten anderer Familien können den Grundeln das Futter oder den Lebensraum streitig machen. So scheiden gierige Lippfische ebenso aus wie groß werdende Riffbarsche, die in der Natur ebenfalls zwischen Steinkorallen leben. Solchen Fischen haben Korallengrundeln nichts entgegenzusetzen. Aber auch Raubfische – wie Rotfeuerfische oder Korallenwächter – sind kritisch zu betrachten. So konnten wir vor Jahren beobachten, wie ein Paar *Paracirrhites arcatus* geschickt einige *Gobiodon okinawae* wegfing. Dies ist insofern überraschend, da immer wieder von der Giftigkeit und

von oben:
Gobiodon histrio – Blaupunkt Korallengrundel.

Gobiodon citrinus – Zitronen-Korallengrundel bewacht ihre Eier, die unter dem Ast einer Geweihkoralle angeheftet sind.

Gobiodon citrinus attackiert einen Falterfisch (*Chaetodon xanthurus*), der Polypen fressen will.

dem bitteren Geschmack dieser Grundeln berichtet wird. (Fosså & Nilsen 1993, Göthel 1994, Sever 2000). Schubert et. al. (2003) haben sich dieser Frage angenommen und festgestellt, dass das Gift in der Schleimhaut von *Gobiodon okinawae* das stärkste bei den sechs untersuchten Arten ist. Das Gift trug dazu bei, dass einige Räuber von den Grundeln abließen. Andere Arten hingegen fraßen die kleinen Grundeln dennoch, was die Wissenschaftler zu der Annahme verleitet, dass in einem solchen Fall eine hohe Toleranz gegenüber dem abgesonderten Gift besteht.

Geschlechtswechsel

Einige Publikationen (Göthel 1994, Frische 1999, Brons 2000, Sever 2000) geben an, dass Arten aus der Gattung *Gobiodon* zwittrig veranlagt sind. Inwieweit dies tatsächlich zutrifft darf bezweifelt werden. Cole & Hoese (2001) haben 43 Exemplare der Art *Gobiodon okinawae* untersucht und bei keinem einzigen Exemplar reife Gameten beider Geschlechter gefunden.

Cole & Hoese (2001) haben sich eingehend mit *Gobiodon okinawae* befasst. Sie stellten fest, dass die Fische in der Lage sind, bis ins hohe Alter das Geschlecht zu wechseln; das sowohl vom Weibchen zum Männchen als auch vom Männchen wieder zum Weibchen. Inzwischen weiß man, dass auch andere Korallengrundeln diese Fähigkeit besitzen (Munday 2006).

Cole & Hoese (2001) schildern in ihrer Veröffentlichung, dass *Gobiodon okinawae* in Gruppen mit zwei bis zehn Individuen leben. Die Größe der Grundeln betrug zwischen 8,6 und 28,0 mm. Die größten Exemplare waren stets Männchen. Fortgepflanzt haben sich nur die zwei bis drei größten Fische einer Gruppe.

Nakashima et al. (1996) und Munday (1998) beschreiben Grundeln, die monogam leben. Dazu gehören *Gobiodon histrio* (Munday, P. L. 1998), *Gobiodon micropus*, *Gobiodon oculolineatus*, *Gobiodon quinquestrigatus* und *Gobiodon rivulatus* (Nakashima, Y. & Kuwamura T. & Yogo, Y. 1996).

Durch die Fähigkeit des bi-direktionalen Geschlechtswechsels ist es kein Problem, die mono-

Foto: Jürgen Pfleiderer

von oben:
Gobiodon citrinus.

Paar von *Gobiodon citrinus* in der oft angebotenen schwarzen Körperfarbe.

Paar von *Gobiodon citrinus* zwischen den Ästen einer Geweihkoralle.

gamen Arten aus der Gattung *Gobiodon* im Riffaquarium paarweise zu pflegen. Bei den Arten, die in Gruppen leben, erleichtert diese Fähigkeit die Einordnung in die Hierarchie der Gruppe. Voraussetzung für die gruppenweise Pflege ist allerdings, dass ausreichend große Wirtskorallen vorhanden sind.

Gattung *Stonogobiops* – Partnergrundeln

Für ein kleines Aquarium eignen sich vor allem die Fadengrundeln der Gattung *Stonogobiops*.

Stonogobiops yasha – Fadengrundel

Yasha wird in Japan ein Teufel in Frauengestalt genannt, der lange Eckzähne besitzt, die aus dem Oberkiefer herausragen. Der Artname ist eine Anspielung auf die besondere Zahnstellung im Oberkiefer dieser Grundelgattung. Die auffallenden Eckzähne haben auch einer weiteren Art aus dieser Gattung zu ihrem Namen verholfen, nämlich *Stonogobiops dracula*.

Stonogobiops yasha findet man von Indonesien bis zur Korallensee, nordwärts bis in die Riffe des südlichen Japan (Allen et al. 2003). Die bis 6 cm große Grundel gelangt aus Importen von Indonesien zu uns. Bisher sind uns im Fachhandel vor allem ausgewachsene Exemplare begegnet. Die Männchen unterscheiden sich von den Weibchen durch je einen schwarzen Fleck am Ende der Bauchflossen (Yoshino & Shimada 2001). Die Pflege sollte paarweise erfolgen, am besten zusammen mit einem Knallkrebspaar der Gattung *Alpheus*. In der Natur leben diese Grundeln mit dem Knallkrebs *Alpheus randalli* zusammen. Ist dieser im Aquarium nicht verfügbar, werden von

Stonogobiops yasha mit dem Knallkrebs *Alpheus ochrostriatus*.

Stonogobiops yasha auch andere Knallkrebsarten akzeptiert. Wir haben gute Erfahrungen mit *Alpheus ochrostriatus* und *Alpheus bellulus* gemacht. Sind Krebse und Grundeln ungestört, beginnt bereits kurz nach dem Einsatz der Bau einer Behausung durch die Krebse. Als Baumaterial dient grober Korallenbruch, bei der Wahl des Bodengrunds muss dies berücksichtigt werden. Außerdem sollte die Dekoration es zulassen, dass die Knallkrebse unter die Steine graben können. Es genügt aber auch, wenn eine kleine Riffplatte auf den Sandgrund gelegt wird. Wir haben die Höhle immer etwas vorgegraben und dann zunächst die Krebse mit einem Weissbierglas (es gehen auch andere Gläser mit 0,5 Liter Inhalt) direkt vor die geplante Höhle gesetzt. Sind die Krebse in der angebotenen Unterkunft, werden auf die gleiche Weise die Grundeln dorthin entlassen. Da Krebse und Grundeln standorttreu sind, hat sich diese Vorgehensweise bestens bewährt.

linke Seite unten: Keine Zwitter, aber bi-direktionale Geschlechtswechsler: *Gobiodon okinawae*.

Foto: Jürgen Pfleiderer
1

2

3
Foto: Jürgen Pfleiderer

4

5

6

Sind die Höhlen fertiggestellt, verbringt *Stonogobiops yasha* die meiste Zeit des Tages, meist auf dem Bodengrund sitzend, vor dem Eingang des Baus. In den ersten Monaten sind die Fische ausgesprochen scheu und selbst wenn man sich mit aller Vorsicht dem Aquarium nähert, fliehen sie hektisch und kopfüber in die Behausung. Im Laufe der Zeit ebbt das Fluchtverhalten ab und es lassen sich interessante Verhaltensweisen beobachten. So drohen die Grundeln mit weit aufgerissenem Maul, wenn sich kleine Fische ihrer Wohnröhre nähern. Gleich große und nur wenig größere Fische werden skeptisch beobachtet. Wenn allerdings auch große Aquarienbewohner vorhanden sind, bleiben die kleinen Grundeln schreckhaft und zeigen sich nur selten dem Beobachter. Deshalb haben größere Fische in einem Aquarium, in dem *Stonogobiops yasha* gepflegt wird, nichts zu suchen. Auch gegenüber anderen, ebenfalls in Höhlen lebenden Grundeln kann *Stonogobiops yasha* nicht bestehen. So wurde bei uns die Gemeinschaft einer einzeln lebenden Grundel mit einem *Alpheus ochrostriatus* dadurch beendet, dass eine kaum 3 cm lange, aber durchaus kämpferisch veranlagte *Tomiyamichthys alleni* ihr den Krebs und die Höhle streitig machte und letzten Endes beides übernahm (Frische 2009). Die vertriebene *Stonogobiops yasha* irrte ziellos im Aquarium umher, ließ sich daher aber leicht einfangen und in ein 130-Liter-Aquarium umsiedeln. Hier blühte die Grundel wieder richtig auf und arrangierte sich problemlos mit einer *Stonogobiops nematodes*.

In der Nahrungsaufnahme hat sich *Stonogobiops yasha* als anpassungsfähig erwiesen. Neben dem obligatorischen Frostfutter wird sehr gerne Granulatfutter gefressen. Das Aquarium muss gut abgedeckt sein, da diese Fische sehr springfreudig sind.

Gattung *Trimma* – Zwerggrundeln

Die Gattung *Trimma* wurde 1906 durch Jordan & Seale anhand von *Trimma caesiura* beschrieben. Lange Zeit war *Trimma caesiura* die einzige bekannte Art, erst 1936 kam mit *Trimma grammistes* eine weitere dazu (Tomiyama, 1936). Die meisten Neuentdeckungen gab es in den Jahren zwischen 1980 und 1990. Hier war es vor allem Richard Winterbottom, der viele Arten entdeckte und beschrieb. Er ist der derzeit renommierteste Kenner der Familie Gobiidae. Ihm zu Ehren ist 1994 durch Randall & Downing eine *Trimma*-Art *Trimma winterbottomi* benannt worden. Aktuell enthält die Gattung 71 Arten. Es überrascht, wie groß die Bandbreite der Körperlängen bei dieser Gattung ist. So misst die größte Art *Trimma tevegae* Cohen & Davis, 1969 4,5 cm, die kleinsten Vertreter sind *Trimma haima* Winterbottom, 1984 mit 1,7 cm und *Trimma rubromaculatus* Allen & Munday, 1995 mit 1,8 cm. Die meisten Arten liegen zwischen 2,0 und 2,5 cm.

linke Seite:
1 *Stonogobiops dracula* – Dracula Fadengrundel.

2 *Stonogobiops nematodes* – Lanzen-Fadengrundel.

3 *Stonogobiops yasha* – Yasha Fadengrundel Männchen.

4 Stonogobiops yasha – Yasha Fadengrundel Weibchen.

5 *Stonogobiops yasha* ist standorttreu und benötigt nur wenig Schwimmraum.

6 Selten eingeführt aber ebenso gut zu pflegen wie die Fadengrundeln: *Tomiyamichthys alleni.*

unten:
Trimma cana.

Foto: Jürgen Pfleiderer

Trimma rubromaculatus.

Vorkommen und Lebensraum

Trimma-Arten findet man sowohl im westlichen Pazifik als auch im Indischen Ozean. Als Lebensraum werden pauschal Korallen- und Felsenriffe angegeben, in denen sich die bodenlebenden Grundeln solitär und die im freien Wasser lebenden Arten in Gruppen aufhalten (Sunobe 1995). Detaillierte Informationen zum Lebensraum haben wir in der uns zur Verfügung stehenden Literatur nicht gefunden. Auch eine Anfrage bei Prof. Winterbottom brachte zu diesem Punkt kein Ergebnis (schriftl. Mtl. Winterbottom 2004).

Geschlechtswechsel

Mehr Informationen liegen über eine spezielle Eigenschaft der kleinen Grundeln der Gattung *Trimma* vor, die Fähigkeit, das Geschlecht wechseln zu können. Sunobe (1995) schreibt, dass sowohl *Trimma okinawae* als auch *Trimma grammistes* in der Lage sind, ihr Geschlecht ins männliche und auch zurück ins weibliche zu wechseln. Für *Trimma okinawae* wurde dies bereits 1990 von Sunobe & Nakazono (in Sunobe 1995) beschrieben.

(Kuwamura & Nakashima 1998) befassten sich mit dem protogynen Geschlechtswechsel (Weibchen wird Männchen) bei in polygynen Gruppen (ein dominantes Männchen beherrscht mehrere Weibchen) lebenden *Trimma*-Arten. Sie schildern zwei Szenarien. Wenn die Gruppe das Männchen durch Beutegreifer oder sonstige Umstände verliert, wechselt das stärkste Weibchen das Geschlecht und führt dann die Gruppe. Es kommt aber auch vor, dass in der Gruppe ein kräftiges Weibchen die Größe des dominanten Männchens erreicht und sogar größer als dieses wird. Das Weibchen beherrscht dann die Gruppe, es wechselt das Geschlecht und löst das bislang dominierende Männchen ab. Zum protandrischen Geschlechtswechsel (Männchen wird Weibchen) gibt es Aquarienexperimente mit *Trimma okinawae*. Es konnte gezeigt werden, dass sich ein Männchen nach Zusatz eines größeren Männchens innerhalb von 4-12 Tagen in ein Weibchen umwandelte. Zu erkennen war dies an der Tatsache, dass die beiden Fische zusammen ablaichten (Kuwamura & Nakashima 1998).

Larvale Entwicklung

Zur larvalen Entwicklung gibt es mehrere Untersuchungen (Sunobe 1995, Leis, J. M. & Carson-Ewart, B. M. 2000).

Sunobe (1995) hat über die Embryonalentwicklung von *Trimma okinawae* und *Trimma grammistes* wie folgt berichtet. Männchen und Weibchen von *Trimma okinawae* wurden mit dem Netz in ihrem natürlichen Lebensraum gefangen. Die Männchen hatten eine Länge von 29,9 mm SL und die Weibchen eine Länge von 22,0 bzw. 21,5 und 19,5 mm SL. Ebenfalls mit dem Netz gefangene *Trimma grammistes* maßen 23,0 mm SL (die Männchen) bzw. 20,5 und 19,8 mm SL (die Weibchen). Gepflegt wurden die Fische in Aquarien, die eine Größe von 60 x 30 x 28 cm (50 Liter Inhalt) hatten. Gefüttert wurde frisches Fisch- und Garnelenfleisch, das auf mundgerechte Größe zerkleinert worden war. Ebenfalls gereicht wurde Zooplankton, bei dem es sich vorrangig um Copepoden unterschiedlicher Art handelte (schriftl. Mtl. Sunobe 2004).

Unter diesen Haltungsbedingungen war es einfach, die Tiere zum Ablaichen zu bewegen. Die einzeln abgelegten, elliptisch geformten Eier waren mit kleinen Fädchen auf den Untergrund geheftet. Die Eier maßen zwischen 0,70 und 0,85 mm je nach Art und Größe des Weibchens. Die Ablage der Eier erfolgte in den Morgenstunden zwischen 5:30 Uhr und 8:00 Uhr. Ein Gelege bestand aus rund 400 Eiern. Zehn Stunden nach Befruchtung begann die Entwicklung des Embryos, dessen Schlupf 107 Stunden später in den Abendstunden erfolgte. Beim Schlupf maßen die Larven von *Trimma okinawae* im Durchschnitt 2,01 mm und die von *Trimma grammistes* 1,70 mm.

Der Dottersack, welcher mit einem kleinen Öltröpfchen versehen ist, ist bereits 24 Stunden später aufgezehrt, sodass die Larven mit einer aktiven Nahrungsaufnahme starten müssen, um zu überleben. Drei Tage nach Schlupf waren im Aufzuchtaquarium alle Grundellarven verendet.

Die Pflege im Aquarium

Nicht nur im Labor, auch im Heimaquarium ist die Haltung dieser kleinbleibenden Grundeln heute kein Problem mehr, wie beispielsweise Latka (2003) mit seinem Bericht über die nur 20 mm große *Trimma taylori* beweist.

Wie im natürlichen Lebensraum dieser kleinen Fische sollte das Aquarium reichlich mit zerklüfteten Steinaufbauten und Steinkorallen ausgestattet sein. Die Fütterung ist unproblematisch. Kleine Artemien, Fischeier und *Cyclops* werden gierig aufgenommen, daneben wird auch Flocken- und Granulatfutter nicht verschmäht. Ihrer sozialen Lebensweise entsprechend sollten bodenlebende Arten paarweise, die im freien Wasser lebenden Arten in Gruppen gepflegt werden. Selbst wenn zunächst nur ein Exemplar vorhanden ist, ist es möglich, wegen der Fähigkeit des „Zwei-Wege" Geschlechtswechsels zu einem späteren Zeitpunkt weitere Exemplare nachzusetzen.

Trimma cana.

Foto: Jürgen Pfleiderer

Coryphopterus personatus (ab 100 Liter).

Coryphopterus lipernes (ab 100 Liter).
Foto: Jürgen Pfleiderer

Geeignete Grundeln im Überblick

Callogobius hasseltii (ab 200 Liter).
Foto: Jürgen Pfleiderer

Discordipinna griessingeri (ab 100 Liter).
Foto: Jürgen Pfleiderer

Elacatinus randalli (ab 100 Liter).
Foto: Jürgen Pfleiderer

Elacatinus multifasciatus (ab 100 Liter).
Foto: Jürgen Pfleiderer

Elacatinus puncticulatus (ab 100 Liter).

Elacatinus oceanops (ab 100 Liter).

Eviota bifasciata (ab 100 Liter).
Foto: Jürgen Pfleiderer

Eviota pellucida (ab 100 Liter).
Foto: Jürgen Pfleiderer

Gobiodon acicularis (ab 100 Liter).
Foto: Jürgen Pfleiderer

Gobiodon citrinus (ab 200 Liter).

Gobiodon okinawae (ab 100 Liter).

Lythrypnus gilberti (ab 100 Liter).
Foto: Jürgen Pfleiderer

Geeignete Grundeln im Überblick

Lythrypnus dalli (ab 100 Liter).
Foto: Jürgen Pfleiderer

Priolepis boreus (ab 100 Liter).
Foto: Jürgen Pfleiderer

Priolepis nocturna (ab 100 Liter).
Foto: Jürgen Pfleiderer

Stonogobiops yasha (ab 100 Liter).

Stonogobiops nematodes (ab 100 Liter).

Stonogobiops dracula (ab 100 Liter).
Foto: Jürgen Pfleiderer

Trimma fucatum (ab 100 Liter).
Foto: Jürgen Pfleiderer

Trimma cana (ab 100 Liter).

Trimma rubromaculatus (ab 100 Liter).
Foto: Jürgen Pfleiderer

Gobiodon histrio (ab 100 Liter).
Foto: Jürgen Pfleiderer

Familie: Pomacentridae – Riffbarsche

Gattung *Chrysiptera* – Demoisellen

Das Wort „Demoiselle" ist französisch und bedeutet junge Dame, Fräulein. Im Englischen heißen diese Riffbarsche „Damselfishes" (damsel = junges Mädchen). Gegenwärtig sind der Gattung *Chrysiptera* 35 Arten zugeordnet. Seit April 2010 ist die Gattung um die Art Chrysiptera arnazae ergänzt (Allen, Erdmann & Barber 2010). Für die Meerwasseraquarianer kein neuer Fisch, kannten wir sie bisher doch als eine Farbvariante von *Chrysiptera parasema*. DNA-Analysen hatten schon vor einiger Zeit zum Ergebnis, dass *C.* cf. *parasema* nicht mehr wie bisher unter *C. parasema* geführt werden darf und eine eigene Beschreibung erfordert (Allen & Erdmann 2008). Die kleinsten Arten in der Gattung *Chrysiptera* stellen *C. hemicyanea*, *C. parasema* und *C. springeri* mit jeweils 5,5 cm SL. Die größte Art ist *C. biocellata*, die ausgewachsen 12,5 cm SL erreichen kann. Die meisten Arten werden jedoch kaum länger als 6 bis 8 cm.

Innerartliche Kommunikation durch Laute

Wer in seinem Aquarium Riffbarsche pflegt, wird früher oder später ein knackendes Geräusch vernehmen, das er den Riffbarschen zuordnen kann. Vor allem Auseinandersetzungen sowohl mit Artgenossen als auch mit artfremden Fischen sind von knackenden Tönen begleitet. Ebenso wird die Balz so akustisch unterstützt.

Mann & Lobel (1997) haben die Pulsperiode und die Höhe der Töne von Riffbarschen analysiert. Danach lassen sich je nach Pulsperiode und je nach Tonhöhe typische Muster für die einzelnen Arten erstellen, was heißt, dass jede Spezies ihr eigenes spezifisches Knackmuster besitzt.

Erzeugt werden die Knacklaute durch Komprimierung der Schwimmblase, die eine hoch resonante

unten von links nach rechts: Bisher bekannt als Farbvariante von *Chrysiptera* parasema, heißt diese Demoiselle jetzt *Chrysiptera arnazae*.

Paar von *Chrysiptera hemicyanea*. Äußerlich sind die Geschlechter nicht zu unterscheiden.

Struktur aufweist. Spezielle Nervenzellen im Gehirn ermöglichen es den Fischen, die Knacklaute zu erkennen und zu analysieren.

Das akustische System der Demoisellen ist eingehend untersucht worden von Kihslinger & Klimley (2002). Mit Hilfe von Tonbandgeräten, die sowohl im natürlichen Lebensraum als auch im Labor eingesetzt wurden, konnte nachgewiesen werden, dass die Knacklaute maßgeblich an der Art- und Geschlechtserkennung beteiligt sind.

Arterkennung durch die Färbung des Körpers

Oft werden Demoisellen deshalb gepflegt, weil sie farblich sehr attraktiv sind. Bei Betrachtung der einzelnen Arten springt zweierlei ins Auge:

Zum einen finden wir häufig die Farbe Blau, oft kombiniert mit Gelb. Zum anderen sind Pastelltöne stark verbreitet. Wie ist das zu erklären? In der uns zur Verfügung stehenden Literatur haben wir dazu keine Angaben gefunden. Es liegt aber die Vermutung nahe, dass es sich hier um Tarnfarben, die vor Räubern schützen, handelt. Die Körperfarbe Blau lässt den Fischleib bereits in Tiefen von wenigen Metern in dem dort vorherrschenden blauen Licht mit der Umgebung verschmelzen. Pastellfarben werden ohnehin schon bei geringer Entfernung kaum mehr wahrgenommen.

Die gelben Bereiche bei den blaufarbigen Demoisellen, die in geringer Wassertiefe und im Aquarium für abwechslungsreiche Farbmuster sorgen, dienen unserer Meinung nach der Arterkennung. Diese Annahme beruht darauf, dass die Ausprägung der gelben Stellen artspezifisch ist. Nicht minder bedeutungsvoll scheinen fluoreszierende Pigmente zu sein. Die Fluoreszenzfarben treten vor allem dann deutlich hervor, wenn die Männchen um die Gunst der Weibchen werben. Bei genauem Hinsehen sieht man sie vor allem im Bereich des Kopfes. Blaulicht verstärkt diesen Effekt.

Viele Riffbarsche zeigen Fluoreszenzfarben wie *Pomacentrus alleni*.

Pflege im Aquarium

Die Mehrzahl der *Chrysiptera*-Arten lässt sich gut im Aquarium pflegen. Die Fische sind einfach an Ersatznahrung zu gewöhnen und erweisen sich als robust, wenn es sich um parasitäre Erkrankungen handelt.

Einige Arten gelten aus ausgesprochen zänkisch. So lassen sich in dieser Gattung zwei Gruppen bilden, die als sehr aggressiv und weniger aggressiv eingestuft werden können. Großkopf (1999) führt als sehr aggressive Arten *C. cyanea* und *C. taupou* an und kategorisiert *C. parasema*, *C. hemicyanea*, *C. talboti* und *C. starcki* als weniger zänkisch. Wir möchten zu den friedfertigeren noch *C. springeri* und *Chrysiptera arnazae* hinzufügen. *C. oxycephala* nimmt im Aggressionsverhalten eine Mittelposition ein. Die Art ist rabiater als die „weniger zänkischen" aber nicht so aggressiv wie *C. cyanea* oder *C. taupou*. Zu den übrigen Arten der Gattung können wir leider keine Angaben machen. Sie

von oben:
Äußerst zänkisch: *Chrysiptera taupou*.

Das gilt auch für *Chrysiptera cyanea*.

Friedlich hingegen ist *Chrysiptera hemicyanea*.

werden relativ selten gepflegt, was vor allem auf die wenig attraktive Färbung und die nur sporadische Einfuhr zurückzuführen sein dürfte.

Was aber bedeutet jetzt mehr oder weniger zänkisch? *C. cyanea* und *C. taupou* sind äußerst dominant. Vor allem Neuzusätze werden heftig bedrängt. Dies führte im Aquarium von einem der Autoren (J. F.) dazu, dass unterlegene Fische wie z. B. *Gramma loreto* wegen der Attacken durch *C. taupou* verendeten (Frische 2000).

C. cyanea gelang es, selbst in einem mehr als 1000 Liter fassenden Aquarium alle anderen Riffbarsche zu unterdrücken. Erst nachdem die *C. cyanea* entfernt worden waren, kehrte Ruhe ein. Nicht umsonst heißen die beiden genannten *Chrysiptera*-Arten im Angelsächsischen Blue Devil und South Sea Devil (Stratton 1992).

Revierverhalten und Vergesellschaftung

Booth & Beretta (2002) haben die Populationsdichte adulter Riffbarsche nach der Bleaching-Katastrophe 1998 untersucht und mit Daten von 1995 verglichen. Bei *C. rollandi* blieb der Bestand nach der Bleaching-Katastrophe weitgehend konstant, da die Art nicht ausschließlich auf Steinkorallen angewiesen ist. So betrug die Populationsdichte adulter *C. rollandi* vor 1998 je nach Areal bis zu 40 Tiere pro 100 m^2. Nach 1998 schrumpfte die Populationsdichte bezogen auf dieselbe Fläche zwar auf etwa 30 Tiere, zusätzlich wurden aber neue Lebensräume rekrutiert, sodass die Gesamtpopulation unverändert blieb. Die beiden Wissenschaftler weisen darauf hin, dass adulte Riffbarsche untereinander sehr aggressiv sind und Jungtiere deshalb gezwungen sind, neue Lebensräume zu besetzen. Dies bestätigt die Aquarienbeobachtung, dass *Chrysiptera*-Arten mit zunehmendem Alter aggressiver werden. Zugleich erklärt es die große Anpassungsfähigkeit ans Aquarium bei *Chrysiptera*-Arten.

In Aquarien mit 100 bis 300 Litern, die in diesem Kapitel angesprochen sind, sollte man sich unserer Meinung nach auf die Pflege eines Paares beschränken. In Aquarien mit Volumen ab 500 Litern lassen sich junge Riffbarsche der Arten *C. hemicyanea, Chrysiptera anzanaea* und *C. parasema* und auch *C. talboti* in kleinen Gruppen von sechs bis acht Exemplaren pflegen (Großkopf 1999). Die Struktur entspricht dabei weniger der einer Gruppe oder eines Schwarms, sondern eher einer Gemeinschaft, in der jeder Riffbarsch sein eigenes kleines Revier besitzt. Die Angaben von Großkopf können wir aus eigener Erfahrung unterstützen. Im 600-Liter-Aquarium von H. F. lebten über viele Jahre drei Paare von *C. parasema*, die sich das Becken in drei Reviere aufgeteilt hatten und dort regelmäßig ablaichten. Das Gleiche gelang später auch mit drei Paaren *C. talboti*.

Paarbildung und Aufzucht

Werden *Chrysiptera*-Arten ihren Lebensansprüchen entsprechend gepflegt, bilden sich bei Vergesellschaftung juveniler Exemplare Paare, die mit dem Erreichen der Geschlechtsreife ablaichen. Ein Geschlechtswechsel in der Gattung *Chrysiptera* ist unserem Wissen nach noch nicht histologisch belegt, Aquarienbeobachtungen zeigen aber, dass ein Wechsel vom Weibchen zum Männchen stattfinden kann.

Die Balz wird durch das Männchen eingeleitet, das fortwährend versucht, das ausgewählte Weibchen zum Nistplatz zu locken, um mit diesem dort abzulaichen. Dabei können beim Männchen leuchtende Balzflecken vor allem im Bereich des Kopfes erscheinen. Häufig ist dies das einzige sichtbare Merkmal zur Geschlechtsidentifizierung. Unterschiede in der Färbung der Flossen wie bei *C. cyanea* und *C. taupou* sind die Ausnahme.

Im Folgenden greifen wir auf eine Publikation von Olivotto et al. (2003) zurück, in der für *C. parasema* ein vollständiger Ablauf von der Paarbildung bis hin zur Aufzucht der F1-Generation dokumentiert ist.

Die Wissenschaftler hatten acht *C. parasema* mit einer Größe zwischen 2,5 und 3,5 cm gekauft. Zunächst wurden alle Tiere in einem 120-Liter-Aquarium gehalten. Als sich Paare abspalteten, wurden diese in eigene Brutaquarien mit einem Wasserinhalt von 80 Litern überführt. Die Aquarien waren mit der nötigen Technik ausgestattet und wurden täglich 13 Stunden beleuchtet. Die Paare wurden drei Mal pro Tag mit Frost- und Flockenfutter versorgt.

Drei Monate nach Separierung der Paare konnte die Gruppe um Olivotto bei einem Paar erstmals die Balz beobachten. Sie war gekennzeichnet durch intensive Schwimmaktivitäten, in deren Verlauf der Körperbereich um die Genitalpapille eng an den Aquarienuntergrund gedrückt wurde. In den folgenden Tagen wurde dieses Verhalten vor allem durch Reinigungen am Nest unterbrochen. Das Weibchen suchte den ausgewählten Platz immer wieder auf, ohne jedoch mit der Ablage der Eier zu beginnen. Die Eiablage selbst erfolgte eine Woche nach dem Beginn der Balz. Sie fand in den frühen Morgenstunden statt. Das Weibchen näherte sich dem balzenden Männchen und stellte sich an dessen Seite. Nach 30 Minuten kam es zur Ablage der Eier. Die demersalen, zwischen 1,2 und 1,5 mm großen Eier wurden vom Weibchen auf den sauberen Untergrund geheftet und vom Männchen befruchtet. Am Ende bestand das Gelege aus etwa 300 Eiern. Nach erfolgter Eiablage übernahm ausschließlich das Männchen die Brutpflege. Das Weibchen wurde in der Nähe des Geleges nicht geduldet. 96 Stunden nach Abgabe der Eier schlüpften bei einer Wassertemperatur von 28 °C die Larven. Der Schlupf erfolgte etwa zwei Stunden nach dem Beginn der Dunkelphase.

Die Larven besaßen einen weitgehend aufgebrauchten Dottersack, der ein Öltröpfchen enthielt und die Larven zur Wasseroberfläche hochtrieb. Das Maul war bereits gut entwickelt. 24 Stunden nach dem Schlupf war der Dottersack vollständig verbraucht und die Larven schwammen aktiv unterhalb der Wasseroberfläche auf der Suche nach

von oben:
Weitgehend friedlich ist *Chrysiptera talboti*.

Der junge Paletten-Doktorfisch hielt sich stets in der Nähe der Demoiselle, *Chrysiptera springeri* auf, was diese nicht störte.

Durchaus aggressiv kann *Chrysiptera oxycephala* sein.

Chrysiptera hemicyanea – Azur-Demoiselle.

Chrysiptera hemicyanea – Azur-Demoiselle.

Plankton. Als Erstfutter wurden *Brachionus plicatilis* benutzt. Verabreicht wurde eine Zooplanktonsuspension mit einer Populationsdichte von 20 Tieren/ml. Diese reichte aus, um die Larven in den ersten 23 Tagen zu versorgen. Höhere Konzentrationen an Rotiferen führten zu einem massiven Verlust der Larven, weil der Sauerstoffgehalt des Wassers zu stark sank. Es zeigte sich, dass Sauerstoffgehalte unter 5 ppm zu einem Massensterben der Larven führten.

Ab Tag 19 wurden *Artemia nauplii* in einer Dichte von 25 Tieren/Larve verfüttert. Sowohl *Brachionus plicatilis* als auch die Nauplien des Salinenkrebses waren mit PUGA (high Polyunsaturated fatty Acids) angereichert. Bemerkenswert ist, dass die Larven unter 24-stündiger Beleuchtung aufgezogen wurden.

Am 25. Tag begann die Farbmetamorphose. Als erstes Anzeichen war die gelbe Pigmentierung der Schwanzflosse erkennbar. Zu diesem Zeitpunkt verließen die Larven die Nähe der Wasseroberfläche und hielten sich im Bereich des Bodens auf.

unten: *Chrysiptera taupou* und *Gramma loreto* lassen sich nicht miteinander vergesellschaften. Der Feenbarsch hat den Angriffen der Südsee-Demoiselle nichts entgegenzusetzen.

Chrysiptera springeri (ab 200 Liter).

Chrysiptera arnazae (ab 200 Liter).

Geeignete Demoisellen im Überblick

Chrysiptera parasema (ab 200 Liter).

Chrysiptera hemicyanea (ab 200 Liter).

Chrysiptera oxycephala (ab 300 Liter).

Chrysiptera starcki (ab 200 Liter).

In der Natur finden sich Gruppen mit hundert und mehr Kardinalbarschen einer Art zusammen. Hier *Apogon fucata* aus dem Roten Meer.

Familie Apogonidae – Kardinalbarsche

Die Familie der Kardinalbarsche umfasst derzeit 23 Gattungen, in denen etwa 273 Arten gelistet sind (Nelson 2006). Erstaunlich ist, dass bei dieser großen Artenanzahl vergleichsweise wenig Arten

in den Fachhandel gelangen, obwohl es sich in den meisten Fällen um kleinwüchsige Fische handelt. Altbekannt in der Meeresaquaristik ist der Pyjama-Kardinalbarsch *Sphaeramia nematoptera*, der in der alten Literatur noch als *Apogon nematopterus* geführt wird (z.B. De Graaf 1976). In der letzten Zeit werden weitere Arten wie *Apogon leptacanthus*, *Apogon cyanosoma*, *Apogon maculatus* sowie auch *Apogon sealei* angeboten. Inzwischen sind einige Kardinalbarsche nachgezogen worden. Dazu gehören *Sphaeramia nematoptera* (Mai 2007), *Apogon leptacanthus* (ORA-FARM 2009) und natürlich der „König der Kardinalbarsche" wie ihn einst Allen betitelte, *Pterapogon kauderni*.

Pterapogon kauderni – Banggai-Kardinalbarsch

Pterapogon kauderni wurde 1920 von dem schwedischen Völkerkundler Kaudern entdeckt. Beschrieben wurde die Art 1933 durch Koumans, der sie nach ihrem Entdecker benannte. Danach geriet die Art wieder in Vergessenheit, bis sie einem Taucher auffiel, der Fotos an Dr. Gerald Allen schickte. Dieser stellte die Art 1996 in der Zeitschrift Tropical Fish Hobbyist der Öffentlichkeit vor.

Interessantes zur Ökologie

Es ist überraschend, erst 2002 sorgte die Veröffentlichung der Ergebnisse einer Expedition aus dem Jahr 2001 von Vagelli und Erdmann für zahlreiche weitere Informationen zu diesem Kardinalbarsch. Neben Daten zur Verbreitung liefern Vagelli & Erdmann (2002) Angaben zu den Siedlungsräumen, zu denen Lagunen, Riffplatten, Riffkämme und Riffhänge gehören. Auch physiographische Zonen wie Brandungsbereiche und Areale mit mä-

unten von links nach rechts:
Apogon sealei.

Apogon cyanosoma mit Eiern im Maul.

Apogon imberbis, eine Art des Mittelmeers.

Fotos: Jürgen Pfleiderer

ßiger Strömung bieten *Pterapogon kauderni* Lebensraum. Hier ist er in Tiefen bis zwanzig Meter anzutreffen.

Von großem Interesse für die Aquaristik ist Struktur und Dichte innerhalb einer *Pterapogon kauderni*-Population; richtet sich danach doch maßgeblich die optimale Vergesellschaftung und die Mindestgröße eines Aquariums. Als Fazit ihrer Beobachtungen geben Vagelli & Erdmann (2002) einen Lebensraum pro Banggai-Kardinalbarsch von 0,027 bis 0,031 m^2 an. Sie schränken aber zugleich ein, dass die einzelnen Populationen durch den Fischfang ausgedünnt sein könnten und deswegen die Fläche, die ein Banggai-Barsch besiedelt, noch geringer sein könnte. Außerdem weisen sie darauf hin, dass die Fische sehr standorttreu und wenig schwimmfreudig sind.

Die Pflege im Aquarium

Pterapogon kauderni lässt sich gut in Gesellschaft mit Korallen pflegen. Die Nahrungsaufnahme ist unproblematisch, da alles dargereichte Frost- und Trockenfutter bereitwillig gefressen wird. Wir raten jedoch davon ab, Tintenfischstückchen zu verfüttern. Wir mussten beobachten, dass die Fische nach dem Füttern tags darauf einen weißen Kotfaden abgaben, apathisch in einer Ecke standen und in den folgenden Stunden verstarben. Zur Vergesellschaftung ist zu sagen, dass man sich auf die Pflege eines einzigen Paares beschränken sollte, bei der hier behandelten Aquariengröße auf jeden Fall.

Zur Vermehrung von *Pterapogon kauderni*

Grobe (1996) schreibt, dass es relativ einfach ist, *Pterapogon kauderni* im Aquarium zu vermehren. Zahlreiche Meerwasseraquarianer haben dies inzwischen bestätigt und in größerer Anzahl *Pterapogon kauderni* nachgezogen.

Anders als üblich übernimmt bei *Pterapogon kauderni* das Weibchen die Balzaktivitäten. Die Laichzeit ist im Aquarium ganzjährig. Die vom Weibchen im freien Wasser abgegebenen Eier werden vom Männchen sofort besamt und ins Maul aufgenommen. Nach einer Tragzeit von 28 bis 34 Tagen (je nach Wassertemperatur) schlüpfen die kleinen etwa 8 mm SL langen und schon voll entwickelten Banggai-Kardinalbarsche. Die morphologisch wie ihre Eltern aussehenden Jungfische, sind bereits so groß, dass sie die Nauplien des Salinenkrebses fressen können.

Paar von *Pterapogon kauderni*.

Der Banggai-Kardinalbarsch ist ein wenig aktiver Schwimmer.

Etwas problematisch ist die Umstellung der jungen *Pterapogon kauderni* auf Frostfutter. Neben aufgetauten *Cyclops*, Fisch- und Hummereiern sowie Cyclop-Eeze müssen in dieser Phase nach wie vor lebende Artemien angeboten werden. Das Frostfutter wird nach und nach akzeptiert, allerdings kann es schon mal 14 Tage oder noch länger dauern, bis es soweit ist.

Wie ist es um die Zukunft von *Pterapogon kauderni* bestellt? Es ist wohl einzigartig, dass eine Neuentdeckung wie der Banggai-Kardinalbarsch *Pterapogon kauderni* so gezielt und umfangreich kommerziell vermarktet wurde. Allen (2000) verweist darauf, dass *Pterapogon kauderni* zu den gefährdetsten Fischen dieser Welt zählt. Der Fang zu aquaristischen Zwecken wird von Vagelli & Erdmann (2002) mit einer Quote von monatlich mindestens 50.000 Exemplaren beziffert, die von Nord-Sulawesi und Bali in alle Welt versandt werden. Auffallend ist, dass frisch importierte *Pterapogon kauderni* mitunter rasch sterben und es teilweise sogar zu Totalverlusten kommt.

Die natürlichen Bestände müssen nach den derzeitigen Untersuchungen als stark bedroht eingestuft werden, eine alarmierende und erschreckende Tatsache. Dabei ist längst erwiesen, dass *Pterapogon kauderni* relativ einfach im Aquarium nachgezogen werden kann. Vagelli (2009) fordert vehement, unserer Meinung nach zu Recht, dass nur noch Nachzuchten erworben werden sollten, um die natürlichen Bestände nicht weiter zu dezimieren.

von oben:
Beim Banggai-Kardinalbarsch übernimmt das Weibchen die Balz.

Kurz vor dem Schlupf lugt die Schwanzflosse eines Jungtiers aus dem Maul des Männchens.

Apogon cyanosoma. (ab 200 Liter).
Foto: Jürgen Pfleiderer

Apogon leptacanthus. (ab 200 Liter).
Foto: Jürgen Pfleiderer

Geeignete Kardinalbarsche im Überblick

Apogon imberbis. (ab 200 Liter).
Foto: Jürgen Pfleiderer

Apogon sealei. (ab 300 Liter).

Pterapogon kauderni. (ab 100 Liter).

Sphaeramia nematoptera. (ab 200 Liter).
Foto: Jürgen Pfleiderer

Familie Callionymidae – Leierfische

Die Gattung *Synchiropus* – Leierfische

Die meisten Arten dieser Gattung besitzen eine Länge von ungefähr 6 cm. Eine Ausnahme stellt *Synchiropus kuiteri* dar, der mit 15 cm ein wahrer Riese ist.

Der beliebteste Leierfisch ist *Synchiropus splendidus* (Herre, 1927), der Mandarinfisch. Dass diese Art so populär ist, hat sie ihrer Farbenpracht zu verdanken. Doch trotz aller Begeisterung, die dieser Fisch bei Einsteigern auslöst, er darf erst dann eingesetzt werden, wenn die Mikrofauna im Aquarium entsprechend entwickelt ist. Beinahe alle Leierfische akzeptieren nämlich im Aquarium in den ersten Wochen ihrer Pflege ausschließlich – hoffentlich vorhandene – Kleinkrebse. Erst allmählich gehen sie auch an Frostfutter. Einige Leierfische fressen auch Strudelwürmer. Diese Plattwürmer treten mitunter in solchen Massen auf, dass der unter ihnen liegende Korallenpolyp nicht mehr zu erkennen ist. Unklar ist, ob es sich bei den Strudelwürmern wirklich um Parasiten handelt. Es wird vermutet, dass es Kommensalen sind, die sich vom Schleim ihres Wirtes ernähren. Einige Annahmen gehen inzwischen davon aus, dass es sich auch um eine Symbiose handeln könnte (Patzner 2006). Wie dem auch sei, die Würmer sehen nicht sehr reizvoll aus, deswegen ist man bestrebt, sich dieser Tiere zu entledigen. Es gibt mehrere Berichte, nach denen Leierfische diese unliebsamen Bewohner fressen. Genannt wird hier vor allem *Synchiropus ocellatus*. Wir wissen inzwischen, dass nicht jedes Individuum dieser Art sich für Plattwürmer interessiert. Überrascht haben wir festgestellt, dass sowohl *Synchiropus moyeri* als auch *Synchiropus stellatus* Plattwürmer fressen. Wer allerdings seine Hoffnung auf den Mandarinfisch setzt, den müssen wir enttäuschen.

von oben:
Ungleiches Paar: hinten ein Weibchen von *Synchiropus stellatus* und vorne das Männchen von *Synchiropus moyeri*.

Zu den größten Leierfischen zählt *Synchiropus kuiteri* – hier das Männchen.

Vergesellschaftung

Die territorial lebenden Leierfische verhalten sich untereinander nicht sonderlich friedlich. Vor allem die Männchen sind ausgesprochen zänkisch. Nach unserer Erfahrung sollte man Leierfische nur paarweise halten, insbesondere in Aquarien der in diesem Kapitel vorgegebenen Größe. In großen Aquarien kann auch eine Vergesellschaftung mit Paaren von anderen Leierfischarten gelingen. Ziemlich unproblematisch ist es, die Arten *Synchiropus moyeri* sowie *Synchiropus splendidus* oder *Synchiropus picturatus* mit *Synchiropus splendidus* zusammenzubringen. Als wir jedoch versuchten, *Synchiropus moyeri*, *Synchiropus stellatus* und *Synchiropus ocellatus* miteinander zu vergesellschaften, ging dies gründlich daneben. Vor allem die Männchen bekämpften sich äußerst heftig, sie mussten in unterschiedliche Aquarien umgesiedelt werden.

Weibchen von *Synchiropus stellatus*.

Leierfische sind mit einer dicken Schleimhaut ausgestattet, die durch Drüsen kontinuierlich produziert wird. Für Boden bewohnende Fische ist dieses sinnvoll, vermeidet die dicke Schleimhaut doch Verletzungen des Körpers durch scharfkantige Gegenstände. Ähnlich wie bei den Schleimfischen dürfte die Schleimhülle mit Mikroziden und Fungiziden ausgestattet sein, was sie gegen Bakterien im Aquarium recht widerstandfähig macht. Überraschend ist, dass Lippfische aus den Gattungen *Halichoeres* auf Leierfische Jagd machen und versuchen, deren Schleim aufzunehmen. Die Mandarinfische können dadurch so stark bedrängt werden, dass sie zu Tode kommen.

von oben:
Beliebtester und farbenprächtigster Leierfisch: der Mandarinfisch *Synchiropus splendidus.*

Gut getarnt auf dem Bodengrund: *Synchiropus ocellatus*.

Männchen von *Synchiropus moyeri*.

Geschlechtsmerkmale

Die Geschlechter sind einfach zu unterscheiden. Bei *Synchiropus splendidus* und *S. picturatus* sind die Männchen durch den lang ausgezogenen ersten Strahl der Rückenflosse gut zu erkennen. Bei den Sandbewohnern in dieser Gattung ist die erste Rückenflosse der Männchen zu einem gewaltigen

Fächer umgewandelt. Während dieses Merkmal auch den Transport unbeschadet übersteht, gilt dieses nicht für den verlängerten Rückenstrahl. Dieses ist insofern wichtig zu wissen, da ein abgebrochener Rückenstrahl dazu führt, dass das Männchen einem Weibchen ähnelt. Setzt man dieses vermeintliche Weibchen mit einem Männchen zusammen, so ist das Ende des schwächeren Tieres abzusehen. Solche Verwechslungen passieren wahrscheinlich öfters, denn nach Sadovy et al. (2001) sind 75 % aller gefangenen Mandarinfische Männchen. Es werden anscheinend bevorzugt die imposanten Männchen gefangen, weil die sich teurer verkaufen lassen.

Gelungene Nachzucht

Hat sich ein geschlechtsreifes Paar gefunden, dauert es bei guter Pflege nur kurze Zeit und die Tiere steigen im abendlichen Blaulicht eng nebeneinander bis zur Wasseroberfläche hoch. Nach mehreren Anläufen, die anscheinend für die gegenseitige Synchronisation notwendig sind, werden kurz unter der Wasseroberfläche die Gameten abgegeben.

Seit dem Jahr 2000 werden Mandarinfische im Binnenland mit künstlichen Aufzuchtmethoden vermehrt (u. a. Mai 2009).

von oben:
Synchiropus splendidus ist friedfertig, auch wenn sich der kleine Schleimfisch hier mächtig aufplustert.

Balzendes Männchen von *Synchiropus ocellatus*.

Laichendes Paar von *Synchiropus ocellatus*.

Synchiropus moyeri (ab 100 Liter).

Synchiropus ocellatus (ab 200 Liter).

Geeignete Leierfische im Überblick

Synchiropus picturatus (ab 100 Liter).

Synchiropus splendidus (ab 200 Liter).

Synchiropus stellatus (ab 100 Liter).

Synchiropus kuiteri (ab 300 Liter).

rechts von oben: *Nemateleotris decora* – Decora-Schwertgrundel.

Nemateleotris magnifica – Feuer-Schwertgrundel.

Ein Paar der Decora-Schwertgrundel.

Familie Ptereleotridae – Pfeilgrundeln

Gattung *Nemateleotris* – Schwertgrundeln

Die Gattung besteht aus den Arten *Nemateleotris decora*, *Nemateleotris helfrichi* und *Nemateleotris magnifica*. Deren Körperlänge beträgt ca. 6 cm. Sie leben paarweise in zerklüfteten Riffformationen, vor Angreifern ziehen sie sich blitzschnell in ihre Unterschlupfe zurück (Whiteman & Côté, 2004). Der verbreiteten Meinung, dass diese Grundeln in Gruppen gepflegt werden können, stimmen wir nicht zu, da sich die Tiere früher oder später attackieren und am Ende bestenfalls ein Paar übrig bleibt, so man das Glück hatte, beim Kauf Männchen und Weibchen zu erwischen. Ein Geschlechtswechsel ist von den Arten der Gattung *Nemateleotris* nicht bekannt.

Wegen der steten Gefahr gefressen zu werden, haben sich die Grundeln keine spezielle Nahrung zu Eigen gemacht. Sie fressen aus der freien Wassersäule alles, was von mundgerechter Größe ist. Im Aquarium gibt es keine Probleme, die Schwertgrundeln an Ersatznahrung zu bringen. Neben den üblichen Frostfuttersorten wird auch Flocken- und Granulatfutter gern gefressen. Die Grundeln erweisen sich als recht anspruchslos in ihrer Pflege, so lange keine größeren und dominanten Fische im Aquarium sind. Unter diesen Umständen bleiben die Tiere scheu und zeigen sich kaum.

Wir haben beobachtet, dass *Nemateleotris decora* sehr aggressiv sein kann. Die Dekor-Grundel hat in einem unserer Aquarien immer wieder Fadengrundeln angegriffen. Dieses ging soweit, dass die Fadengrundeln ihren Bau nicht mehr verlassen konnten. So blieb nichts anderes übrig, als die beiden Arten zu trennen. Warum sich die sonst friedliche

Ein Paar Feuer-Schwertgrundeln.

Dekor-Grundel hier als so feindselig erwies, vermögen wir nicht zu beantworten. Übrigens: Diese Beobachtungen wurden in einem 800 Liter fassenden Riffaquarium gemacht. Mangelnder Platz als Ursache dürfte damit ausgeschlossen sein.

Unbedingt hinweisen müssen wir auf die Springfreudigkeit dieser wunderschönen Tiere. Als Fluchttier von der Evolution mit einer großen Schreckhaftigkeit ausgestattet, springen die Grundeln oft und gerne. Das Aquarium muss abgedeckt sein, will man die Fische bis an ihr natürliches Lebensende pflegen. Schwertgrundeln reproduzieren sich im Aquarium. Dieses berichten neben anderen Cato & Brown (2003). Die Eier werden in den Unterschlupfen als Eiballen oder angeheftet an eine der Höhlenwände abgelegt. Leider sind nähere Informationen rar, es ist uns nicht bekannt, ob beide Tiere oder nur eines der Geschlechter das Gelege bewachen. Gemäß den Angaben der Internetseite „Marine Ornamental Fish & Invert Breeders Association" sollen die Larven nach sieben bis zehn Tagen schlüpfen.

Geeignete Schwertgrundeln im Überblick

Nemateleotris decora (ab 200 Liter)

Nemateleotris magnifica (ab 200 Liter)

Familie Opistognathidae – Brunnenbauer/Kieferfische

Gattung *Opistognathus*

Zu dieser Gattung gehört der bekannteste Vertreter der Brunnenbauer: der Goldstirn-Brunnenbauer oder Goldstirn-Kieferfisch *Opistognathus aurifrons*, der regelmäßig in Karibikimporten zu uns gelangt.

Erst seit 2009 ist Randalls Brunnerbauer *Opistognathus randalli* wissenschaftlich beschrieben.

Der Brunnenbauer-Bau

Der Trivialname Brunnenbauer kennzeichnet eine auffällige Eigenart dieser Fische: sie bauen senkrechte Wohnröhren, die einem gemauerten Ziehbrunnen gleichen. DeLoach (1999) schildert den Bauvorgang beim Goldstirn-Kieferfisch *Opistognathus aurifrons*. Als Erstes gräbt dieser mit dem Maul einen bis zu 16 cm tiefen Trichter. Als Nächstes werden Steinchen, Korallen- und Schalenstückchen an der Trichterwand so aufgeschichtet, dass eine Röhre entsteht. Dann wird am unteren Ende des Trichters weitergegraben. Das anfallende Material wird herausgebracht und um den Trichtereingang aufgeschüttet. Das Ergebnis der Arbeiten ist eine Höhle mit einem röhrenförmigen Ausgang nach oben.

Soziale Lebensweise

Als Beispiel möchten wir hier wieder *Opistognathus aurifrons* heranziehen. Wir greifen erneut auf die Arbeit von DeLoach (1999) zurück. Der Goldstirn-Kieferfisch lebt auf freien Sand- oder Geröllböden, er bildet dort kleine Kolonien mit zwei bis zehn Exemplaren. Hier pflegt jeder Fisch seine eigene Wohnröhre. Vor allem am späten Nachmittag sind die Fische damit beschäftigt, ihren Unterschlupf für die Nacht vorzubereiten. Es wird Sand aus den Röhren geschaufelt und loses Baumaterial verfestigt. Kurz vor Sonnenuntergang ziehen sich die Brunnenbauer in ihre Behausung zurück und verschließen den Eingang mit Steinchen, Muschelschalen oder Algenmaterial.

Ansonsten findet man den Brunnenbauer, einige Zentimeter über der Wohnröhre im freien Wasser schwimmend, auf der Jagd nach Planktonorganismen. Wenn sich ein Beutegreifer nähert, verschwindet der Brunnenbauer in der Regel mit dem Schwanz voraus in seinem Bau, nur bei höchster Gefahr wird die Wohnröhre mit dem Kopf voraus aufgesucht. Darüber hinaus verschließen Brunnenbauer in lebensbedrohlicher Situation (beispielsweise ein Stachelrochen hat sich direkt neben der Höhle niedergelassen) die Brunnenöffnung mit Steinchen. Nicht alle Brunnenbauer scheinen aber in der Lage zu sein, die Höhlenöffnung zu verschließen. *Opistognathus randalli* beispielsweise macht dies – zumindest im Aquarium – nicht.

Fortpflanzung

Diese ist bei *Opistognathus aurifrons* gut untersucht. Er ist ein saisonaler Laicher, der sich beginnend im Frühjahr bis hinein in den Herbst vermehrt. Bevor die Männchen zu balzen beginnen, legen sie in der Kolonie weitere Höhlen an, in denen nach erfolgreicher Balz die Eiablage erfolgen soll. Kennzeichnend für die Balz sind neben einer Reihe von charakteristischen Schwimmmustern das Krümmen des Rückens zu einem Bogen, das Präsentieren der leuchtenden in Pastelltönen gezeichneten Flossen und das Öffnen des riesigen Mauls. Während der Balz lassen sich über den Phänotyp Männchen und Weibchen der sonst nicht zu unterscheidenden Geschlechter erkennen. Bei den Männchen von *Opistognathus aurifrons* zeigen sich jetzt im Bereich der Kehle zwei schwarze Punkte, denen sich unterhalb zwei schwarze Streifen anschließen.

Sind die Bemühungen des Männchens von Erfolg gekrönt, zieht sich das Paar in eine bis dahin unbewohnte Höhle zurück. Dies wiederholt sich mehrmals, ehe die Eiablage erfolgt. Die Aufgaben des Weibchens sind damit erledigt und das Männchen übernimmt in den kommenden sieben bis neun Tagen die Pflege der Eier.

Foto: Jürgen Pfleiderer

links:
Bekanntester Brunnenbauer ist der Goldstirn-Kieferfisch *Opistognathus aurifrons.*

rechts:
Die Öffnung eines Brunnenbauerbaus gleicht der Öffnung eines Ziehbrunnens.

von oben:
Oft schaut bei den Brunnenbauern nur der Kopf aus der Wohnröhre.

Goldstirn-Kieferfisch *Opistognathus aurifrons*.

Die Brutpflege der Männchen

Brunnenbauer zählen zusammen mit den Kardinalbarschen (Apogonidae) zu den echten Maulbrütern. Einige Autoren rechnen dazu auch noch die Zwergbarsche (Pseudochromidae) und die Mirakelbarsche (Plesiopidae).

Fotos: Jürgen Pfleiderer

Schon der ausgedehnte Wangenbereich verrät das maulbrütende Männchen. Die Tiere wirken in dieser Zeit nervös. Alle zwei bis drei Minuten wird der Kopf über den Röhrenrand gestreckt und Ausschau gehalten, ob Gefahr droht oder nicht. Nicht selten wird dabei das Eipaket im Schutz der Höhle belassen. Erst wenn keine Gefahr in Verzug scheint, nimmt das Männchen den Eiballen wieder auf und stellt sich in senkrechter Haltung über den Höhleneingang. Oft kann man beobachten, dass die Brunnenbauer den Eiballen in Sekundenschnelle aus dem Maul spucken und ihn anschließend wieder einsaugen. Dadurch wird Dreck aus der Maulhöhle und zwischen den einzelnen Eiern entfernt, die Eier werden mit Sauerstoff versorgt und umgebettet.

Interessant ist, dass sich die Farbe des Eiballens mit der Fortentwicklung der Embryonen ändert. Frisch abgelegte Eiballen sind aufgrund des Eidotters gelb gefärbt. Sie verändern sich bei voranschreitender Entwicklung mehr und mehr ins Silbrige.

Wenn die Larven schlüpfen, messen sie etwa 4 mm. Der Dottersack ist nur noch in Resten vorhanden, Augen, Kiefer, Magen- und Darmtrakt sind gut entwickelt und die Larven beginnen kurze Zeit später mit der Nahrungsaufnahme (Thresher, 1984). Bereits nach neun Tagen sind die Larven soweit entwickelt, dass sie als kleine Brunnenbauer zu identifizieren sind. Mit etwa 15 Tagen suchen sie den Boden auf. *Opistognathus aurifrons* wird inzwischen in den USA und in Europa kommerziell nachgezogen.

Die Pflege im Aquarium

Eine artgerechte Pflege von Brunnenbauern ist nur dann gegeben, wenn das Aquarium, zumindest in einigen Bereichen, eine mindestens 15 cm hohe Sandschicht enthält. Der Sand sollte mit grobem

Korallenbruch und kleinen Steinen gemischt sein. Die im Handel angebotenen Brunnenbauer sind willige Fresser, die alles dargebotene Ersatzfutter akzeptieren. Sie nehmen jedoch nur das Futter, das sie wenige Zentimeter über ihrer Wohnröhre schwimmend zu fassen bekommen, eine gezielte Fütterung ist deshalb unerlässlich. Da sie sich in der Regel ausschließlich in der unmittelbaren Nähe ihrer Wohnröhren aufhalten, können selbst größer werdende Arten in Aquarien der in diesem Kapitel vorgegebenen Größe gepflegt werden.

Gut vergesellschaften lassen sich die Brunnenbauer mit ruhigen Fischen. Nicht geeignet sind schnell schwimmende Fische und auch nicht Arten, die selber Höhlen bauen. Sie zerstören die Wohnröhren der Brunnenbauer (wie z.B. der Bäumchenfisch *Novaculichthys taeniourus*) oder nehmen sie in Besitz. Umgekehrt kommt es vor, dass Brunnenbauer in die Höhlen von kleinen grabenden Grundeln eindringen und die Grundeln vertreiben. Brunnenbauer, die sich nach dem Einsetzten erst eine Höhle graben müssen oder aus ihrer Höhle vertrieben wurden, springen gerne. Das Aquarium sollte deshalb abgedeckt sein.

Steine die aus dem Bau entfernt werden, spuckt der Brunnenbauer vor der Öffnung aus.

Opistognathus aurifrons (ab 100 Liter).
Foto: Jürgen Pfleiderer

Geeignete Brunnenbauer im Überblick

Opistognathus randalli (ab 100 Liter).

Opistognathus variabilis (ab 100 Liter).
Foto: Jürgen Pfleiderer

Besatzempfehlungen für Aquarien mit 300 bis 600 Litern

Familie Gobiidae – Grundeln

Gattung *Amblygobius*

Die Gattung *Amblygobius* enthält zurzeit 14 Arten (WoRMS, Oktober 2010). Die meisten dieser Arten sind farblich wenig attraktiv, dennoch sind sie beliebt, weil sie den Bodengrund reinigen und Fadenalgen verzehren.

Amblygobius phalaena – Braunstreifen-Grundel

Baensch & Debelius (1992) geben für diese Grundel eine Länge von 12 cm an. Sie ist im Pazifik beheimatet, kommt dort auf Sandflächen und Geröllzonen der Innenriffe und Lagunen vor. Die Fische graben Höhlen, in denen sie paarweise leben. Ein Paar besitzt innerhalb seines Reviers mehrere Bauten, in denen es Zuflucht sucht und auch ablaicht (Takegaki 2000).

Paar von *Amblygobius bynoensis*.

Unterscheidung der Geschlechter

Vom äußeren Erscheinungsbild her lassen sich die Geschlechter nicht unterscheiden. Die Männchen werden zwar größer als die Weibchen, doch ist dies erst im ausgewachsenen Zustand deutlich erkennbar. Takegaki (2000) liefert aber einen Hinweis, wodurch man Männchen und Weibchen unterscheiden kann. Wenn sich ein Paar gefunden hat, ist es ausschließlich das Männchen, welches die Höhlen baut und Reparaturen vornimmt. Ein solcher Bau kann bis zu 30 cm lang sein, bei einem Durchmesser von bis zu sechs Zentimetern. In die Tiefe kann der Unterschlupf bis zu 19 cm gehen.

Fortpflanzung

Das Absetzen des Geleges erfolgt in Abhängigkeit von der Mondphase. So wird drei Tage vor Voll- oder Neumond abgelaicht. Das Gelege, welches aus bis zu 40.000 Eiern bestehen kann (Takegaki 2000), wird an die Höhlendecke geklebt und in den darauf folgenden drei bis vier Tagen vom Männchen umsorgt. Das Weibchen unterstützt sein Männchen, indem es immer wieder Frischwasser in die Höhle fächert und auf diese Weise die Brut mit ausreichend Sauerstoff versorgt.

In der Zeit der Brutpflege ist das Paar überaus gereizt, sowohl das Weibchen als auch das Männchen attackieren Fische, die sich zu nahe an den Höhleneingang wagen. Auch wenn das Männchen sich als treusorgender Vater zeigt und 40 % des Tages beim Gelege verbringt, verlässt es zwischendurch doch die Eier, um Nahrung zu sich zu nehmen.

Die Pflege im Aquarium

Die Grundeln nehmen Nahrung auf, indem sie das Maul voll Sand nehmen und diesen nach Copepoden und benthischen Algen durchsieben. Sand und sonstige nicht zu verzehrende Teilchen werden über die Kiemenspalten ausgestoßen. Diese Form der Nahrungsaufnahme kommt dem gesamten Aquarium zugute. Die abgegebenen Schwebestoffe enthalten feinste Nahrungspartikel, die von zooxanthellaten Korallen, Invertebraten und Evertebraten aufgenommen werden. Durch das Durcharbeiten der oberen Sandschichten werden diese aufgelockert und können von sauerstoffreichem Wasser durchströmt werden.

Damit sich die Grundeln wohlfühlen, müssen sie paarweise gepflegt werden. Man sollte stets ein Paar kaufen, das bereits im Händleraquarium gemeinsam gehalten wurde. Stellt man willkürlich zwei Exemplare zusammen, kann es zu Auseinandersetzungen kommen, in deren Verlauf der unterlegene Artgenosse aus dem Aquarium springt. Abgesehen davon springt *Amblygobius phalaena* nicht, es sei denn, sie wird erschreckt.

Anfangs können die Braunstreifen-Grundeln das Futter noch nicht aus dem Wasser fangen. Sie müssen es erst lernen. Es bietet sich an, dass Futter zunächst im Sand einzugraben. Die Grundeln finden es schnell und sieben es zielsicher aus dem Bodengrund. Sobald Nahrung auch aus dem freien Wasser genommen wird, kann man sich die Prozedur des Eingrabens sparen.

Wie beschrieben, gräbt das Männchen die Wohnröhren. Schon am Tag nach dem Einsatz beginnt es mit den Grabtätigkeiten. Einem Bagger gleich, werden dabei erstaunliche Mengen an Bodengrund bearbeitet. Ist die Höhle, meist unter die Dekoration laufend, fertiggestellt, zieht das Paar ein und beginnt in unmittelbarer Nähe der Behausung damit, den Untergrund durchzuarbeiten. Wird nur eine Grundel angeschafft, gräbt diese auf jeden Fall – gleich welchen Geschlechts.

Wir haben beobachtet, dass die Grundel eine Schwäche für Fadenalgen hat. Diese werden mit dem kräftigen Gebiss gehalten und dann abgerissen. Nun wird das Fadenalgenbüschel immer wieder aufgenommen, durchgekaut und ausgespuckt, bis ein Knäuel entstanden ist, das verschluckt werden kann.

von oben:
Amblygobius phalaena – Braunstreifen-Grundel.

Amblygobius phalaena ernährt sich von Kleinorganismen, die im Sand leben. Dazu wird der Sand durchsiebt.

Farblich nicht attraktiv aber sehr nützlich.

Amblygobius hectori – Hectors-Grundel

Eine kleine, farblich auffällige Grundel ist *Amblygobius hectori*. Diese Grundeln, bei denen die Männchen bis 9 cm lang werden, die Weibchen 6 cm, findet man in sandigen und schlammigen Bereichen der Riffareale des Indo-Westpazifiks. *Amblygobius hectori* gräbt keine Höhlen, sie bewohnt Höhlen und Nischen in Riffformationen in der Nähe des Meeresbodens.

Es handelt sich um flinke Tiere, die den Bodengrund nach Kleingetier durchkauen. Unverdauliches wird über die Kiemenspalten wieder abgegeben. Bei der Aufnahme des Bodengrundes geht *Amblygobius hectori* wesentlich behutsamer vor als viele ihrer Gattungsgenossen, die Wahrscheinlichkeit, dass im Riffaquarium die Korallen durch den Sand beeinträchtigt oder sogar zugeschüttet werden, ist um einiges geringer.

Soziales Verhalten

Diese Grundel lebt – wie viele Arten der Familie Gobiidae – territorial. Juvenile Exemplare bewohnen einen Unterschlupf solitär, mit dem Erreichen der Geschlechtsreife leben die Tiere paarweise (Baensch & Debelius 1992). Diese Beobachtung wird nicht von allen Autoren geteilt. Michael (2005) ist der Auffassung, dass *Amblygobius hectori* solitär lebt und sich nur zur Paarung zusammenfindet. Er begründet dieses damit, dass es ihm nicht gelungen ist, ein Paar dieser Grundel zu pflegen. Nachdem sich das vermeintliche Grundelpaar eingewöhnt hatte, wurde der schwächere Artgenosse attackiert und bei der Nahrungsaufnahme behindert. Der Unterlegene magerte alsbald ab und verendete. Michael (2005) empfiehlt deshalb die solitäre Pflege dieser Grundel.

Nur selten gelingt bei *Amblygobius hectori* – Hectors-Grundel die paarweise Pflege.

Fingerspitzengefühl bei der Ernährung

Die Pflege von *Amblygobius hectori* erwies sich bei uns als nicht sonderlich schwierig. Die Aufnahme des Futters aus dem freien Wasser müssen die Hectors-Grundeln erst erlernen. Sie ist aber unumgänglich, da die Futtermengen im Bodengrund zu gering sind. Wie bereits bei *Amblygobius phalaena* beschrieben, empfiehlt es sich, in der ersten Zeit der Pflege etwas Frostfutter in den Bodengrund einzugraben.

Bewährt hat sich, in der ersten Zeit Nauplien des Salinenkrebses *Artemia salina* zusätzlich zur normalen Fütterung zu verabreichen (Frische 2000). Tiefgefrorenes – wie Salinenkrebschen, *Mysis* und die verschiedenen Mückenlarvenarten – dürfen nicht fehlen. Trockenfutter in Flockenform wird verschmäht, Granulatfutter hingegen nach einiger Zeit akzeptiert. Eine unabdingbare Voraussetzung für eine erfolgreiche Pflege ist allerdings, dass *Amblygobius hectori* ausreichend mit Algen versorgt wird. Michael (2005) sieht nur Aquarien als geeignet an, in denen auch rote und grüne Fadenalgen wachsen. Diese werden von der Grundel abgerissen und verzehrt. Delbeek & Sprung (1996) weisen ebenfalls auf diese Form der Nahrungsaufnahme hin.

Amblygobius bynoensis (ab 400 Liter).

Amblygobius decussatus (ab 400 Liter).

Geeignete Grundeln im Überblick

Amblygobius hectori (ab 300 Liter).

Amblygobius nocturnus (ab 400 Liter).

Amblygobius phalaena (ab 400 Liter).
Foto: Jürgen Pfleiderer

Amblygobius rainfordi (ab 300 Liter).

Pseudochromis springeri – Springers Zwergbarsch.

Der Feenbarsch Gramma loreto lässt sich nicht zusammen mit Zwergbarschen pflegen.

Familie Pseudochromidae – Zwergbarsche

Für die Arten der Familie Pseudochromidae wird in der Literatur oft der Trivialname Zwergzackenbarsch benutzt (z. B. de Graaf 1977). Diese Bezeichnung ist falsch. Die Zwergbarsche können nicht den Zackenbarschen (Familie Serranidae) zugeordnet werden. Neben Unterschieden in der Morphologie spricht insbesondere das Fortpflanzungsverhalten der beiden Familien dagegen.

Foto: Jürgen Pfleiderer

Zackenbarsche sind pelagische Laicher, sie stoßen ihre Eier und Samen ins freie Wasser aus. Die Zwergbarsche laichen in Höhlen, sie geben demersale Eier ab, die sich in Ballen aneinanderheften. Das Männchen umsorgt die Eier, es nimmt sie gelegentlich ins Maul. Einige Autoren bezeichnen die Zwergbarsche deshalb als Maulbrüter. Die Nachzucht ist inzwischen einigen Züchtern und Hobbyaquarianern gelungen (Mai 2009).

Alle Zwergbarsche sind protogyne Hermaphroditen. Sie beginnen ihr Leben als Weibchen und enden als Männchen. Die Männchen sind deutlich größer als die Weibchen. Es ließe sich nun vermuten, dass das Zusammensetzen zweier unterschiedlich großer Tiere ein Paar ergibt Mai (2009) hat zu diesem Thema seine eigenen Beobachtungen. Er verweist darauf, dass es ihm noch nie gelungen sei, zwei zusammengesetzte, selbst nachgezogene Weibchen zum Ablaichen zu bewegen. Latka (mündl. Mittlg. 2009) zeigte sich entsetzt, dass die beschriebene Praxis der Paarbildung bei ihm nicht funktioniert hat, trotz des Kaufs zweier Jungtiere.

Im Aquarium auffällig ist das aggressive Verhalten einiger Arten, das sich nicht nur gegen Artgenossen wendet, sondern auch gegen jeden anderen Fisch gerichtet sein kann. Bei einigen Arten ist dieser Instinkt so stark ausgeprägt, dass es zu Todesfällen bei den angegriffenen Fischen kommen kann (Frische, 2000). Vor allem Fische, die in Form und Farbe den Zwergbarschen ähnlich sind, werden vehement angegriffen und letztendlich getötet. Beobachtet haben wir dies bei der versuchten Vergesellschaftung von *Pictichromis paccagnellae* und *Pictichromis diadema* mit *Gramma loreto* (Frische & Lissner 1988), sowie von *Pseudochromis fridmani* und *Pictichromis porphyreus* mit *Gramma melacara* (Frische 2001).

Auch die gleichzeitige Pflege mehrerer unterschiedlicher *Pseudochromis*-Arten ist nur eingeschränkt möglich, sie sollte bei kleineren Aquarien unterlassen werden.

Klammert man die aggressiven Arten aus, sind die meisten Arten aus der Familie *Pseudochromidae* im Aquarium einfach zu pflegen, wenn genügend Versteckmöglichkeiten in Form von Nischen, Spalten und Höhlen zur Verfügung stehen. Hier halten sich die territorial lebenden Zwergbarsche vorwiegend auf. Der Aquarianer muss sich deshalb keine Sorgen machen, wenn er die Fische einige Tage gar nicht zu Gesicht bekommt.

Pseudochromis flavivertex (ab 400 Liter).

Pseudochromis aldabraensis (ab 400 Liter)

Geeignete Zwergbarsche im Überblick

Pseudochromis fridmani (ab 300 Liter)

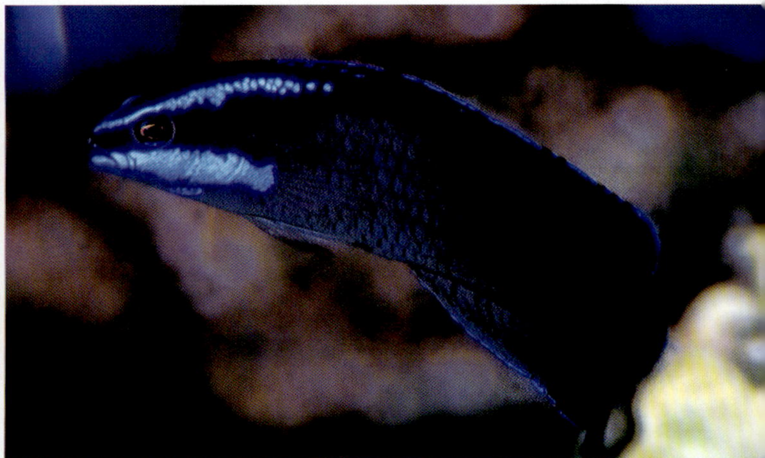

Pseudochromis springeri (ab 300 Liter)

Familie Pomacentridae – Riffbarsche

Gattungen *Amphiprion* und *Premnas* – Anemonenfische

Die Anemonenfische gehören zu den bekanntesten Riffbarschen. Sie werden seit langem im Meerwasseraquarium gepflegt, seit den 1980er-Jahren werden Aufzuchterfolge veröffentlicht (z.B. Spies 1984, Frische 1991). Anemonenfische sind nach wie vor beliebt, sie haben so manchen Aquarianer dazu gebracht, mit der Meeresaquaristik zu beginnen. Wir möchten uns deshalb mit dieser Fischgattung ausführlicher beschäftigen.

Es ist die Symbiose, die Lebensgemeinschaft zwischen Fisch und Anemone, die den Betrachter so nachhaltig fasziniert. In der Natur findet man keinen Anemonenfisch ohne Anemone (z. B. Patzner 2009). Symbioseanemonen hingegen scheinen auch ohne Fischpartner auszukommen, zumindest, wenn sie noch sehr klein sind. So haben Elliott & Mariscal (2001) beobachtet, dass *Heteractis crispa*, die einen Durchmesser von weniger als 10 cm aufweisen, und *Stichodactyla mertensii*, die kleiner als 17,5 cm sind, keine Anemonenfische beherbergen.

Amphiprion percula in der Farbzucht „Platin".

Im Aquarium überlebt der Anemonenfisch auch ohne Wirtsanemone – von einer artgerechten Haltung kann man in diesem Fall allerdings nicht sprechen. In der Natur wäre dies unmöglich, denn der fehlende Schutz und das daraus resultierende unbeholfene Schwimmmuster locken schnell Raubfische an, die dem Anemonenfisch ein vorzeitiges Ende bereiten. Trotzdem können auch in der Natur Anemonenfische kurzzeitig ohne Anemone existieren. Dies ist dann der Fall, wenn der Anemonenfisch das Larvenstadium beendet hat und auf der Suche nach einer Wirtsanemone ist. Der juvenile Anemonenfisch bewegt sich dazu knapp über dem Boden und nutzt jeden Schutz, um nicht von Beutegreifern entdeckt zu werden (Elliott & Mariscal 2001).

Generalisten und Spezialisten

Es steht fest, dass Anemonenfische in der Natur nur bestimmte Symbioseanemonen akzeptieren, was häufig auch im Aquarium nicht zu ändern ist. Dabei ist jedoch nicht jede Art gleich. Die Wissenschaft unterscheidet zwischen zwei möglichen Typen:

Zum einen den Generalisten, der viele Anemonen akzeptiert. Zum anderen den Spezialisten, welcher nur wenige Symbioseanemonen annimmt (Elliot & Mariscal 1995). So zählen beispielsweise *Amphiprion clarkii* und *Amphiprion akindynos* zu den Generalisten, während *Premnas biaculeatus*, *Amphiprion polymnus* und *Amphiprion sandaracinos* zu den Spezialisten gehören. Entsprechend wählerisch sind diese Anemonenfische.

Amphiprion clarkii lässt sich mit beinahe jeder Wirtsanemone – früher oder später – ein. *Premnas biaculeatus* akzeptiert in der Regel nur *Entacmaea quadricolor*, andere Anemonen werden nicht angenommen.

Woran erkennen Anemonenfische ihre spezifische Wirtsanemone?

Arvedlund & Nielsen (1996) sind dieser Frage nachgegangen und haben in Experimenten mit dem Clownfisch *Amphiprion ocellaris* aufschlussreiche Erkenntnisse gewonnen. *Amphiprion ocellaris* lebt in der Natur häufig in der Prachtanemone *Heteractis magnifica*. Dagegen wird *Stichodactyla haddoni* verschmäht.

Die Wissenschaftler haben durch drei verschiedene Versuchsmodelle nachgewiesen, dass die Erkennung der Anemonen auf genetischer Prägung basiert, vergleichbar mit den Lachsen, die mit dem Erreichen der Geschlechtsreife zielsicher an ihren Geburtsort zurückkehren. Die Forscher haben zwei Paare von *Amphiprion ocellaris* gepflegt. Während das eine Paar zusammen mit einer *Heteractis magnifica* in einem Aquarium lebte, wurde dem anderen Paar lediglich ein Substrat zur Verfügung gestellt, auf dem die Tiere ablaichen konnten. Beide Versuchspaare laichten ab und die sich entwickelnden Larven wurden von den Wissenschaftlern aufgezogen. Nach Beendigung der Metamorphose wurden mit diesen beiden Fischgruppen Experimente durchgeführt, die unter den folgenden Überschriften standen.

von oben:
Amphiprion clarkii gilt bei der Wahl der Anemone als Generalist.

Amphiprion ephippium gilt bei der Wahl seiner Aktinie als Spezialist.

Amphiprion ocellaris sucht notgedrungen in einer Scheibenanemone Zuflucht. So sollte es nicht sein!

a.) Visuelle Erkennung

Um festzustellen, ob Anemonenfische ihren Symbiosepartner aufgrund optischer Kriterien erkennen können, wurde den beiden Testpopulationen eine *Heteractis magnifica* präsentiert, die gut sichtbar war. Allerdings hielt man die Wirtsanemone in einem eigenen Aquarium, das keine Verbindung mit dem jeweiligen Aquarium der beiden Testpopulationen hatte. Das Ergebnis war, dass keine der beiden Populationen von der Anemone Notiz nahm. Offenbar spielten optische Reize keine Rolle. Um auszuschließen, dass die Testpopulationen generell nicht auf die Anemone ansprechen würden, wurde diese anschließend in das jeweilige Aquarium der Populationen gesetzt. Die Anemone war mit einem engmaschigen Netz abgeschirmt, sodass die Anemonenfische sie nicht berühren konnten. Die Population, deren Eltern die Brut ohne Anemone bis zum Schlupf bewacht hatten, war an der Aktinie nicht interessiert. Die Tiere jener *Amphiprion-ocellaris*-Population, deren Eltern mit einer Wirtsanemone gehalten wurden, schwammen sofort zum Netz.

Premnas biaculatus, der Samtanemonenfisch erreicht eine Länge von 12 cm und mehr.

Foto: Jürgen Pfleiderer

b.) Chemische Reize

Um zu erkennen, ob chemische Stoffe eine Rolle spielen, wurde das Aquarium der *Heteractis magnifica* durch einen Überlauf mit dem jeweiligen Fischaquarium verbunden. Die Anemone war für die jungen Clownfische nicht zu sehen. Es dauerte nur kurze Zeit und die Anemonenfische, bei denen die Eltern im Schutze der Prachtanemone das Gelege bewacht hatten, begaben sich in die Nähe des Überlaufs. Die Fische zeigten typische Verhaltensmuster, die dann zu beobachten sind, wenn sich *Amphiprion ocellaris* dem Symbiosepartner nähert, nachdem er längere Zeit nicht vor Ort war. Die *Amphiprion*-Gruppe, deren Eltern ohne Wirtsanemone gepflegt wurden, zeigte keine Reaktion.

In einem weiteren Experiment wurde den Fischen eine *Stichodactyla haddoni* vorgesetzt. Hier nahm selbst die *Amphiprion*-Population, deren Elterntiere eine *Heteractis magnifica* zur Verfügung hatten, keine Notiz von der „fremden" Anemone.

c.) Zeitdauer bis zur Akzeptanz der Wirtsanemone

Untersucht wurde auch, wie lange es dauert, bis die beiden *Amphiprion-ocellaris*-Populationen die Prachtanemone akzeptieren. Die „*Heteractis-magnifica*-Gruppe" brauchte rund fünf Minuten bis sie die Prachtanemone besiedelte. Die „Nicht-*Heteractis-magnifica*-Gruppe" war auch nach 48 Stunden immer noch nicht gewillt, die Prachtanemone anzunehmen.

Die Experimente von Arvedlund & Nielsen (1996) zeigen, dass es für die Nachkommenschaft von *Amphiprion ocellari*s wichtig ist, dass die Eier im Schutze einer Anemone abgelegt und bebrütet werden müssen, damit später ein Symbiosepartner erkannt wird. Stoffe, die mit dem Schleim von der Anemone kontinuierlich abgegeben werden, dienen den jungen Anemonenfischen als Erkennungsmerkmal. Um zu klären, ob auch andere Anemonenfische in der Lage sind, den Schleim der Anemone sozusagen zu riechen, wurde von Arvedlund et al. (1999) an *Amphiprion melanopus* untersucht. Als Wirtsanemone diente *Entacmaea quadricolor*, als fremde Symbioseanemone entschieden sich die Forscher für *Heteractis malu*. Die durchgeführten Experimente bestätigten die bei *Amphiprion ocellaris* gemachten Beobachtungen.

Erkennung der Wirtsanemone

Arvedlund et al. (2000) haben beobachtet, dass Anemonenfische – gleich welcher Art – stets leeseitig und leicht abschüssig ihre Eier ablegen. Dadurch ist durch die Strömung und die Eigenbewegung der Tentakel gewährleistet, dass der Schleim der Anemone, der aus der Kloake entweicht, über die Eier streift. Auch auf den Tentakeln finden sich Substanzen des Schleims. Die Eier und die Embryonen stehen somit kontinuierlich über den Schleim mit chemischen Reizstoffen in Kontakt.

Derzeit wird nach unserem Wissensstand davon ausgegangen, dass während der Embryonalentwicklung chemische Moleküle aus dem Schleim die Eihülle passieren und auf die genetische Entwicklung des Embryos Einfluss nehmen. Doch kommt die Erkennung der spezifischen Anemone nicht sofort zum Tragen. Bereits Elliott et al. (1995) konnten zeigen, dass erst mit der Ausbildung des ersten weißen Streifens bei juvenilen Anemonenfischen eine Wiedererkennung und auch die Resistenz gegen die Nesselzellen der Anemonen eintritt. Larven, die vor der Ausbildung des weißen Streifens mit den Nesselkapseln in Kontakt kommen, wurden von den Anemonen getötet und gefressen.Die Ergebnisse von Arvedlund et al. (1996, 1999) über die chemischen Erkennungsmerkmale sind keine Artefakte des Aquariums, in der Natur laufen die gleichen Mechanismen ab, wie Elliott & Mariscal (1995) nachwiesen.

Bemerkenswert ist, dass Anemonenfische, die in der Natur mit Aktinien aus der Gattung *Stichodactyla* in Symbiose leben, nicht auf eine von ihnen einmal ausgewählte Art fixiert sind, sondern bei Bedarf auch andere Arten aus dieser Gattung akzeptieren. Erklärbar ist dies damit, dass alle *Stichodactyla*-Arten das gleiche Hormon in ihren Schleim ausschütten (Elliott et al. 1995).

Koexistenz verschiedener Anemonenfischarten

Klein bleibende Anemonenfische wie *Amphiprion leucokranos* und *Amphiprion sandaracinos* gehen manchmal eine Koexistenz mit anderen Anemonenfischen ein. Frische & Högerl (2002) beobachteten dies bei *Amphiprion leucokranos* und *Amphiprion clarkii*. Ein Clark's Anemonenfisch und mehrere juvenile *Amphiprion leucokranos* hatten gemeinschaftlich zwei *Stichodactyla haddoni* in Beschlag genommen.

Der Schutz vor den Nesselzellen

Die Wissenschaftler bewegt nach wie vor Frage, wie es der Anemonenfisch schafft, nicht von den Nesselzellen der Anemonen getötet zu werden. Eine wichtige Voraussetzung ist bereits in der Embryonalentwicklung zu finden. Die sich im Ei entwickelnden Embryonen müssen mit den chemischen Substanzen der Anemonen in Kontakt stehen, damit sich in der Erbanlage bestimmte Eigenschaften manifestieren können.

Weiterhin steht inzwischen fest, dass bei den meisten Anemonenfischen erst dann ein wirksamer Schutz gegen die Nesselzellen der Wirtsanemonen einsetzt, wenn die Metamorphose beginnt bzw. der erste weiße Streifen ausgebildet wird. Fricke (1980) konnte nachweisen, dass die Schleimhaut bei Anemonenfischen eine wichtige Rolle im Hemmmechanismus der Abfeuerung von Nesselzellen spielt.

Amphiprion percula, typisch sind die schwarzen Bereiche zwischen den weißen Streifen.

Elliott & Mariscal (1996) untersuchten, ob die Anhaftungskraft (Adhäsion) der Tentakel bei Anemonenfisch-Eiern, Anemonenfisch-Larven sowie bei in der Metamorphose befindlichen Anemonenfischen im Alter zwischen sieben und vierzehn Tagen unterschiedlich ist.

Zu diesem Zweck wurden insgesamt zehn Anemonenfisch-Arten und neun Aktinien-Arten betrachtet. Während die Eier von allen zehn Anemonenfisch-Arten gegen die Nesselzellen geschützt waren, wurden die Larven allesamt getötet. Bei den Jungfischen ab einem Alter von sieben bis vierzehn Tagen bestand ein Schutz gegen jene Anemonen, die als Symbiosepartner dienen. *Amphiprion clarkii*, ein Generalist, konnte mit praktisch allen Versuchsanemonen vergesellschaftet werden, während die Spezialisten *Premnas biaculeatus* und *Amphiprion polymnus* nur mit ihren Symbioseanemonen unverletzt zusammengebracht werden konnten. Die Nesselkapseln von *Entacmaea quadricolor* wurden übrigens bei keinem der untersuchten Anemonenfische ausgelöst.

Anemonenfische, die nicht mit der Wirtsanemone in Kontakt treten, unter der sie als Ei lagen, haben ein Akklimatisierungsschema entwickelt. Dies trifft vor allem bei den Generalisten zu. Der Fisch nähert sich langsam der Anemone und kontaktiert die Tentakel gezielt mit kleinen Bereichen des Körpers. Die Kontaktaufnahme scheint zu bewirken, dass der Schleim der Anemone in die Schleimhaut des Fisches diffundiert, wodurch eine Entladung der Nesselkapseln unterbunden wird. Erstaunlich ist, dass einige Anemonenfische zuweilen einige Tentakel ihres Wirts abreißen und anschließend fressen. Ein Verhalten, ausgelöst durch die Aquarienpflege?

Geschlechtsmerkmale bei Anemonenfischen

Im marinen Fischreich ist die Fähigkeit des Geschlechtswechsels nichts Ungewöhnliches. Im Allgemeinen wandeln sich Weibchen in Männchen um, so sich die Gelegenheit dazu bietet. Bei Anemonenfischen ist dies umgekehrt. Hier sind es die Männchen, die versuchen, im Laufe ihres Lebens zum Weibchen zu werden. Kuwamura & Nakashima (1998) haben allerdings beobachtet, dass im Aquarium nach dem Einsetzen von zwei Weibchen der Art *Amphiprion ocellaris* sich eines davon in ein Männchen zurück verwandelte. Die beiden Tiere laichten auch miteinander ab. Dieses ist der einzig uns bekannte Hinweis auf einen entgegengesetzten Geschlechtswechsel. In der Natur leben oft mehrere Anemonenfische in einer Anemone. Die Gemeinschaft besteht aus einem sexuell aktiven Paar und mehreren sexuell inaktiven Männchen.

von oben:
Amphiprion ocellaris ist weltbekannt als Nemo.

Amphiprion ocellaris nimmt im Aquarium die Blasenanemone *Entacmaea quadricolor* an.

Amphiprion percula „Platin" in einer roten *Entacmaea quadricolor*.

Die Pflege im Aquarium

In Aquarien von 300 bis 600 Litern sollte man sich auf die kleineren Arten der Anemonenfische beschränken. Die groß werdenden *Amphiprion*, z. B. *Amphiprion clarkii* sowie die Art *Premnas biaculeatus* gehören in Aquarien ab 600 Litern Inhalt.

Wer Anemonenfische im Aquarium pflegen will, sollte dies nur in Gemeinschaft mit der richtigen Symbioseanemone tun. Wer die Sorge hat, dass die Anemone wandert und so die gepflegten Korallen schädigt, muss konsequenterweise auch auf die Pflege dieser Fische verzichten. Die standorttreuesten Symbioseanemonen sind die *Stichodactyla*-Arten, vorausgesetzt, sie können ihren Fuß in den Bodengrund eingraben. Die anspruchsvollste Art ist *Heteractis magnifica*, die zudem als die schwierigste in der Pflege gilt. Autoren wie Schütte & Latka (2002) geben an, dass *Heteractis magnifica* im Riffaquarium nur ausnahmsweise für längere Zeit am Leben zu halten ist. Relativ einfach ist die Pflege der Symbioseanemonen *Heteractis crispa* und *Entacmaea quadricolor*. Die letztgenannte zählt zu den wenigen Arten, die sich im Aquarium regelmäßig durch Längsteilung vermehren. Die meisten anderen Anemonen pflanzen sich geschlechtlich fort. Wichtig bei der Pflege der beiden Arten ist kräftiges Licht, das dafür sorgt, dass die einzelligen Algen im Gewebe der Aktinien ihre Arbeit verrichten können und die Anemone ausreichend mit Nährstoffen versorgen. Gute Strömung und sauberes Wasser tragen zum Wohlbefinden der vieltentakeligen Blumentiere bei.

Amphiprion nigripes – Malediven-Anemonenfisch.

Eine Fütterung ist nicht zwingend erforderlich, da die Tiere durch die Zooxanthellen gut versorgt sind. Wer dennoch auf eine Fütterung nicht verzichten will, der sollte Nahrung in kleiner Größe verabreichen. Zu dicke Futterbrocken werden nicht selten nur teilweise verdaut und der übel riechende Rest schwimmt im Takt der Strömung einige Zeit später knapp unter der Wasseroberfläche.

Fast alle Anemonenfische werden kommerziell vermehrt und zum Verkauf angeboten. Solche Tiere sind grundsätzlich den Wildfängen vorzuziehen, da sie besser an die Aquarienbedingungen angepasst sind. Hier gibt es aber durchaus ein Problem, über das immer wieder geklagt wird: die Anemonenfische gehen nicht in die Wirtsanemone. Eine mögliche Ursache: die Elterntiere werden ohne Wirtsanemone gehalten. Deshalb lautet unser Appell an die Züchter: Anemonenfische mit ihren Wirtsanemonen zu pflegen und nur in deren Beisein zu vermehren. Je nach Art kann ein Anemonenfisch als einfach in der Pflege bezeichnet werden (wie *Amphiprion clarkii*) oder als schwierig (wie *Amphiprion ocellaris*). Diese Einordnung hat nichts mit der Nahrungsaufnahme zu tun, die bei Anemonenfischen in der Regel problemlos erfolgt, wenn Frostfutter sowie Flocken- und Granulatfutter geeigneter Größe gereicht wird. Sie bezieht sich vielmehr auf die Anfälligkeit gegenüber Krankheiten. Dies vor allem dann, wenn die Wirtsanemone fehlt. Auch die dicke Schleimhaut der Anemonenfische schützt nicht vor Flagellaten und anderen Krankheitserregern. Gute Wasserwerte und bei Bedarf der Einsatz einer UV-Lampe ausreichender Größe verhelfen dem Anemonenfisch bei bester Gesundheit zu bleiben.

Amphiprion clarkii (ab 600 Liter).

Amphiprion frenatus (ab 500 Liter).

Geeignete Anemonenfische im Überblick

Amphiprion ephippium (ab 600 Liter).

Amphiprion percula (ab 400 Liter).

Amphiprion perideraion (ab 400 Liter).
Foto: Jürgen Pfleiderer

Amphiprion ocellaris (ab 400 Liter).

Gattung *Dascyllus* – Preußenfische

Als Anfängerfische bezeichnet, sind Preußenfische seit dem Beginn der Meeresaquaristik den Aquarianern längst bekannt. Doch gibt es inzwischen neuere Erkenntnisse, die uns veranlassen, hier tiefer einzusteigen.

Die zur Gattung *Dascyllus* gehörenden Arten weisen keine markanten Merkmale auf, die eine Unterscheidung der Geschlechter schnell und zweifelsfrei zulassen. Bei der Geschlechtspapille sind Unterschiede vorhanden (Thresher 1984, Frische 1999), sie lassen sich mit dem Auge aber erst bei ausgewachsenen Individuen mit viel Übung erkennen.

Dascyllus auripinnis.

Ausgewachsene Männchen besitzen zuweilen eine bulliger wirkende Körperform und sind in vielen Fällen größer als ausgewachsene Weibchen (Schneidewind 2003). Während der Balz lassen sich die Geschlechter allerdings einfach zuordnen. Neben Unterschieden im Verhalten (Thresher 1984) und im Farbmuster ist es die expandierte Legeröhre der Weibchen, die ein deutliches Merkmal darstellt.

Wer nun befürchtet, beim Kauf der Fische kein ausgewogenes Verhältnis der Geschlechter zu erhalten, der braucht sich diesbezüglich keine großen Sorgen zu machen. Erwirbt man noch nicht geschlechtsreife Jungfische, so steht einer späteren Paarbildung nichts im Wege, da bei den meisten Arten ein protogyner Geschlechtswechsel (Weibchen wird Männchen) möglich ist.

Untersuchungen aus jüngerer Zeit zeigen jedoch, dass hier mit einer Generalisierung Vorsicht geboten ist. Ein protogyner Geschlechtswechsel fortpflanzungsfähiger Tiere findet bei den Arten des Trimaculatus-Komplexes nicht statt. Zu diesem Komplex zählt der oft importierte *Dascyllus trimaculatus*-Dreipunkt-Preußenfisch.

Beim Dreipunkt-Preußenfisch handelt es sich um eine gonochoristische Art. Die Entwicklung der Männchen und Weibchen erfolgt bereits in der juvenilen noch nicht geschlechtsreifen Phase. Die fortpflanzungsfähigen Weibchen sind nicht in der Lage, das Geschlecht zu wechseln.

Soziales Verhalten und die viel zitierte Aggression

Die Arten der Gattung *Dascyllus*, die dem *Aruanus*- oder dem *Reticulatus*-Komplex zugerechnet werden, leben eng mit verzweigten Steinkorallen zusammen. Die Arten aus dem *Trimaculatus*-Komplex suchen während der Juvenilphase häufig Schutz in Anemonen und Seeigeln. Bei *Dascyllus trimaculatus* wechseln die Jungtiere mit fortschreitendem Alter in die Äste großflächig wachsender Steinkorallen (Loya & Klein 1997).

Geschlechtsreife Exemplare wechseln ins Vorriff und bilden hier Territorien, in denen dominante Männchen herrschen. Ihre Nahrung erbeuten sie im freien Wasser. Während Beobachtungen in der Natur belegen, dass *Dascyllus* in Nahrungsgemeinschaften miteinander leben können, ist es nach unseren Erfahrungen mit *Dascyllus melanurus*, *D. reticulatus*, *D. marginatus*, *D. aruanus*, *D. trimaculatus* und *D. auripinnis* im Aquarium nicht möglich, mehr als nur ein geschlechtsreifes Paar zu pflegen.

Erkennung von Artgenossen und Räubern anhand von Farben und Mustern

Es gibt viele Mechanismen, die bei der intra- und der interspezifischen Kommunikation eine wichtige Rolle spielen. Zu den wichtigsten Instrumenten der Verständigung gehören die Farben und Muster der Fische (Fricke 1980, Lorenz 1983). Die Augenflecke vieler Fische in den Bereichen der Flossen sind ein weiteres Instrument der „Fischsprache", dessen Bedeutung erst seit wenigen Jahren untersucht wird (z. B. Thaler 1997).

Bislang wenig erforscht ist das Sehen der Fische im ultravioletten Bereich. Losey (2003) berichtet, dass viele Beutejäger ultraviolettes Licht überhaupt nicht oder nur sehr eingeschränkt registrieren können. Im Gegensatz dazu sind planktivor lebende Riffbarsche fähig, auch im UV-Bereich etwas zu sehen. Dies realisieren UV-Licht-sensitive Zapfen in der Retina. Sowohl *Dascyllus aruanus* als auch *Dascyllus reticulatus* sind in der Lage, UV-Licht zu erkennen (Losey 2003).

Betrachtet man die Körperfarben der beiden genannten *Dascyllus*-Arten, so stellt man fest, dass in der Schule die schwarz-weiße Zeichnung Körper auflösend wirkt. Der Schluss liegt nahe, dass sie dazu dient, die einzelnen Individuen der Gruppe für Räuber schwer lokalisierbar zu machen. Wenn dies so ist, dann ist fraglich, ob diese Zeichnung auch für die innerartliche Kommunikation bedeutsam ist. Dennoch ist es vor allem jungen Preußenfischen möglich, selbst in großen Fressgemeinschaften bei drohender Gefahr koordiniert und extrem schnell die schützenden Bereiche zwischen ihren Wirtskorallen aufzusuchen. Zwar erzeugen *Dascyllus*-Arten gut hörbare Laute, die allerdings während der Flucht keine Rolle zu spielen scheinen.

Foto: Jürgen Pfleiderer

von oben:
Laichende *Dascyllus trimaculatus* im Roten Meer.

Dascyllus aruanus – Dreistreifen-Preußenfisch.

Dascyllus marginatus – Rotmeer-Preußenfisch.

Losey (2003) ging der Auffälligkeit der koordinierten Flucht nach und fand heraus, dass die Preußenfische im Bereich der Rückenflossen drei UV-Licht-reflektierende Flecken besitzen, die sich zeigen, wenn die Jungtiere ihre flaggenähnliche Rückenflosse spreizen (Finck & Frische 2004). Dieses Merkmal erlaubt es den Riffbarschen, sich im Verband miteinander zu verständigen, ohne dass dies die Beutegreifer wegen ihrer „UV-Licht-

Blindheit" registrieren können. Weiterhin konnte Losey (2003) zeigen, dass die „UV-Flecken" in ihrer Intensität bei *Dascyllus aruanus* und *D. reticulatus* unterschiedlich sind, so dass sie als Artmerkmal bedeutsam sind. Dass *Dascyllus* unterschiedliche Intensitäten im ultravioletten Bereich registrieren, bestätigen Zamzow & Losey (2002) in ihrem Bericht über Substanzen, welche die Fische vor UVa- und UVb-Strahlung schützen.

Dieser Schutz ist vor allem bei den Fischarten von Bedeutung, die im flachen Wasser der Korallenriffe leben und dementsprechend einer hohen UV-Strahlung ausgesetzt sind. In der Gesamtheit werden diese UV- absorbierenden chemischen Substanzen als Mycosporin-ähnliche Aminosäuren (MAA) beschrieben, die bei Fischen im Bereich zwischen 310 nm und 360 nm wirksam sind. Solche Substanzen finden sich auch bei Korallen, Seeigeln und anderen Wirbellosen, die im Bereich starker UV-Strahlung leben (Frische et al. 2002). Im UV-Bereich um 294 nm wurden MAA-ähnliche Substanzen festgestellt, die im Fischrogen dafür sorgen, dass der sich dort entwickelnde Embryo nicht geschädigt wird (Zamzow & Losey 2002).

Dascyllus im Aquarium

Wir haben erörtert, dass die Arten der Gattung *Dascyllus* im Aquarium einfach zu pflegen sind. Zudem werden sie nicht allzu groß. So wird *Dascyllus trimaculatus* als größter Vertreter seiner Gattung 11 cm lang, die kleinste Art *Dascyllus marginatus* ist mit knapp 6 cm ausgewachsen.

Ein nicht zu unterschätzendes Problem bei den *Dascyllus*-Arten ist allerdings ihre Unverträglichkeit.

linke Seite:
Gruppe von *Dascyllus aruanus* im Roten Meer.

Dascyllus marginatus (ab 300 Liter).

Geeignete Preußenfische im Überblick

Dascyllus melanurus (ab 400 Liter).

Dascyllus auripinnis (ab 500 Liter).

Familie Labridae – Zwerglippfische

Lippfische werden seit den Anfängen der Meeresaquaristik in den Aquarien gepflegt. In den früheren Fischaquarien waren vor allem die relativ groß werdenden Arten der Gattungen *Coris* und *Thalassoma* zu finden. Diese lebhaften Schwimmer und zugleich gierigen Fresser brachten oft Unruhe in die übrige Fischgesellschaft und schnappten ihren Mitbewohnern das Futter weg. Wie bei vielen Fischfamilien entdeckte man aber im Lauf der Zeit auch bei den Lippfischen kleiner bleibende Arten und Gattungen, die sich für die heutigen Riffaquarien vorbehaltlos eignen. Interessant ist vor allem die

Gattung *Cirrhilabrus*

Bemerkenswert ist bei dieser Gattung, dass der zentrale Teil des Auges geteilt ist. Man nimmt an, dass dadurch, wie bei einer in der Makrofotografie verwendeten Close-up-Linse, eine Vergrößerung zustande kommt. Die im freien Wasser jagenden Fische können daher sehr kleine Organismen erkennen. Die Fische besitzen einen bulligen, langgestreckten Körper, dessen Bauchflossen vielfach sehr lang sind und fädige Fortsätze tragen. Daher stammt der wissenschaftliche Name: *Cirrhi* von *Cirrus* = Faden und *Labrum* = Lippe. *Cirrhilabrus* heißt sinngemäß „Fadenlippe" oder frei übersetzt „befadeter Lippfisch".

Thalassoma amblycephalum ist ein intensiver Schwimmer.

Die Pflege im Riffaquarium

Bei den Arten der Gattung *Cirrhilabrus* handelt es sich um ruhige Fische, die eher scheu sind. Sie verbergen sich gerne im Schutz der Dekoration und kommen nur kurzzeitig zum Fressen in den freien Schwimmraum. Wichtig ist es deshalb, im Aquarium eine Vielzahl an Höhlen, Spalten und Nischen zur Verfügung zu stellen, damit sich die Fische dorthin zurückziehen können.

Das Futter sollte am Anfang aus Fischrogen, *Cyclops* sowie *Artemia*-Nauplien bestehen. Anschließend können verschiedene Krebsarten und Mückenlarven (keine roten Mückenlarven wegen der möglichen Schadstoffbelastung) verfüttert werden.

Beachtet werden muss, dass die Zwerglippfische von ruhigen Mitbewohnern umgeben sind, da man die scheuen Fische sonst kaum zu Gesicht bekommt, was bei der Farbenpracht vieler Arten sehr bedauerlich wäre.

Ist das Aquarium nicht überbesetzt, dauert es nur wenige Tage und Zwerglippfische kommen immer öfters in den freien Schwimmraum. Die Fortbewegung erfolgt mit den Brustflossen. Der Schwanz dient ausschließlich der Steuerung. Trotz ihres behäbig wirkenden Aussehens sind Zwerglippfische äußerst flink. Leider manches Mal zu flink. Wenn

die Tiere fliehen, kann es vorkommen, dass sie im hohen Bogen aus dem Aquarium springen. Viele neuerworbene Zwerglippfische gehen nicht an Krankheit oder Nahrungsverweigerung ein, sie vertrocknen hinter oder vor dem Aquarium. Verhindern lässt sich dies nur dadurch, dass die Aquarien lückenlos abgedeckt werden.

links von oben:
Paar von *Cirrhilabrus jordani*. Vorne das Männchen.

Weibchen von *Cirrhilabrus solorensis*.

Männchen von *Cirrhilabrus solorensis*.

Die soziale Struktur

Die Geschlechter sind bei Zwerglippfischen farblich sehr variabel und es ist nicht ausgeschlossen, dass derzeit unterschiedlich benannte Arten in Wirklichkeit Männchen und Weibchen derselben Art sind. Man darf also gespannt sein, mit welchen Überraschungen die Ichthyologen bei dieser Fischgattung noch aufwarten werden.

Die meisten Zwerglippfische leben in einem Harems-Verband zusammen. Einem Alphamännchen schließen sich mehrere Weibchen an, die ihrerseits wiederum eine Rangfolge einhalten, die sich nach der Größe der einzelnen Individuen richtet. Weiterhin kommt es nicht selten vor, dass Primärmännchen die Gruppen begleiten. Entweder als

unten:
Männchen von *Cirrhilabrus rubriventralis*.

„Wolf im Schafspelz“ (sie tragen die Färbung der Weibchen) oder als untergeordnete äußerlich erkennbare Männchen. Letztere werden jedoch nur dann geduldet, wenn die Lebensbedingungen optimal sind.

Auf das Aquarium übertragen heißt dies, es muss ausreichend Schwimmraum und eine reichliche, abwechslungsreiche Fütterung geboten werden. Einem befreundeten Aquarianer ist es in einem 450 Liter fassenden Aquarium problemlos gelungen, den Aqaba-Rötling (*Cirrhilabrus rubriventralis*) in einem „Dreiergespann“, bestehend aus zwei Männchen und einem Weibchen, zu pflegen.

Zwerglippfische sollten unbedingt zu mehreren Exemplaren (mindestens drei) unterschiedlicher Größe gekauft werden. Die unterschiedliche Größe der Exemplare sorgt dafür, dass Aggressionen gar nicht erst aufkommen, weil die Rangfolge von vornherein eindeutig ist. Das größte und kräftigste Tier ist das ranghöchste. Sollte die erworbene Gruppe aus lauter Weibchen bestehen, stellt dies kein Problem dar: bei allen Arten der Gattung *Cirrhilabrus* kann eine Umwandlung vom Weibchen zum Männchen stattfinden (protogyner Hermaphroditismus). In unserem Fall wird aus dem kräftigsten Weibchen ein Männchen, das dann die Gruppe führt.

Rosaschuppen-Zwerglippfisch *Cirrhilabrus rubrisquamis*. Imponierendes Männchen.

Cirrhilabrus bathyphilus (ab 500 Liter)

Cirrhilabrus jordani (ab 400 Liter)

Geeignete Zwerglippfische im Überblick

Cirrhilabrus lubbocki (ab 500 Liter)

Cirrhilabrus rubrisquamis (ab 400 Liter)

Cirrhilabrus rubriventralis (ab 400 Liter)

Cirrhilabrus solorensis (ab 600 Liter)

Familie Pomacanthidae – Kaiserfische

Gattung *Centropyge* – Zwergkaiserfische

Zwergkaiserfische sind die kleinsten Fische innerhalb der Familie Pomacanthidae. Selbst wenn der Japanische Zwergkaiserfisch, *Centropyge interrupta*, mit 19 cm aus der Reihe tanzt, so ist er doch klein im Vergleich zu den Großkaisern, die 50 cm erreichen können, wie beispielsweise *Pomacanthus maculosus*.

Wegen ihrer relativ geringen Größe sind die Zwergkaiserfische bei den Aquarianern sehr beliebt. Mit ihren prächtigen Farben und durch ihr interessantes Verhalten werden sie schnell der Mittelpunkt des Aquariums.

Lebensraum

Zwergkaiserfische leben in Korallen- und Felsenriffen. Sie halten sich in der Regel in Tiefen von 2 bis 20 m auf. Doch gibt es auch Ausnahmen. So ist *Centropyge narcosis* bis in Tiefen von 100 m anzutreffen (Allen et al. 1998).

Zwergkaiserfische sind eher scheue Tiere, die flink von Versteck zu Versteck wechseln. Wegen ihrer hohen Fluchtbereitschaft sind sie für Räuber schwierig zu erbeuten (Spreinat 2001), was einer der Gründe dafür sein könnte, dass Fischarten anderer Familien Zwergkaiserfische in der Färbung imitierten. Ein bekanntes Beispiel dafür ist der Mimikry-Doktorfisch *Acanthurus pyroferus*, der als Jungtier gleich drei Zwergkaiserfischarten nachahmt (Frische 2000, Spreinat 2001).

Bei der Durchsicht des Schrifttums über Zwergkaiserfische fällt auf, dass es nur sehr allgemein gehaltene Angaben zu den Reviergrößen gibt. Allen et al. (1998) geben einige Quadratmeter an. Sakai et al. (2003b) berichten bei *Centropyge vrolikii* von Arealen mit einem Umfang von 50 m.

Paar des Goldstreifen-Zwergkaiserfischs *Centropyge aurantia*.

Sozialer Status

Zwergkaiserfische leben in der Natur in einer Haremsstruktur, das heißt, ein Männchen besitzt mehrere Weibchen. Die Weibchen bilden unter sich eine Rangfolge mit dem kräftigsten Weibchen an der Spitze. Die Anzahl der Individuen einer solchen Gruppe ist variabel. Bei den von Sakai et al. (2003b) beobachteten *Centropyge vrolikii* führte das Männchen fünf Weibchen und ein Jungtier.

Geschlechtsunterschiede

Als Erkennungsmerkmal der Geschlechter gilt vor allem die unterschiedliche Körpergröße ausgewachsener Zwergkaiserfische (z. B. Schneidewind 1999). Die Männchen werden größer als die Weibchen. Daneben wird oft auch die unterschiedliche Länge der Kiemendeckelstacheln genannt. Anders als bei Großkaiserfischen (Schneidewind & Frische 2002) kann die Stachellänge hier jedoch nicht als Unterscheidungsmerkmal benutzt werden, da sie bei Zwergkaiserfischen nicht vom Geschlecht, sondern von der Körpergröße abhängig ist. Es gibt Unterschiede in der Färbung, die zur Erkennung der Geschlechter herangezogen werden können. In der nachfolgenden Auflistung führen wir Arten auf, für die dies zutrifft.

Centropyge ferrugata

Sakai et al. (2003a) berichten über *Centropyge ferrugata*, dass die Männchen im hinteren Bereich der weichstrahligen Rückenflossen Streifen mit strahlend blauen Bändern tragen, die vor einem dunkelblauen Hintergrund gut zu sehen sind. Deutlich erkennbar ist dies im UV-Bereich zwischen 300 und 400 nm und im Blaubereich zwischen 400 und 500 nm.

Centropyge heraldi

Die Männchen von *Centropyge heraldi* besitzen eine dunklere Zeichnung hinter den Augen.

Centropyge tibicen

Die Männchen wirken blau schimmernd.

Centropyge interrupta

Die Männchen haben einen fast blauen Kopf mit Punkten um das Auge, bei den Weibchen ist der Kopfbereich gelblich.

Centropyge resplendens

Bei den Männchen ist der hintere Teil der Afterflosse zumeist gelb. (Angaben nach Debelius & Kuiter 2003).

Gelegentlich findet man in Publikationen zum Geschlechtsdimorphismus der Zwergkaiserfische Angaben zu weiteren Arten. Es sind jedoch einzelne Auffälligkeiten, die eine Verallgemeinerung nicht erlauben bzw. nicht durch signifikante Daten belegt sind. Auf ihre Auflistung haben wir deshalb verzichtet.

Geschlechtswechsel

Die Fähigkeit zum Geschlechtswechsel ist bei allen Zwergkaiserfischen vorhanden.

Protogyner Geschlechtswechsel

Verliert der Harem seinen Führer, wandelt sich in kurzer Zeit das kräftigste Weibchen in ein funktionelles Männchen um. Sakai et al. (2003b) haben

von oben:
Centropyge multicolor

Feuer-Zwergkaiserfisch *Centropyge loriculus*.

Zitronen-Zwergkaiserfisch *Centropyge flavissima.*

links:
Männchen des Rotbraunen Zwergkaiserfischs *Centropyge ferrugata*.

am Beispiel von *Centropyge vrolikii* untersucht, wie lange es dauert, bis das ranghöchste Weibchen nach Verlust des Männchens die Verhaltensweisen eines Männchen annimmt und abgegebene Eier befruchtet. Während die geänderten Verhaltensweisen noch am selben Tag beobachtet werden konnten, dauerte es 16 Tage, bis alle Weibchen mit dem neu entwickelten Männchen ablaichten und die Eier befruchtet waren. Das nachgerückte Alpha-Weibchen laichte bereits am dritten Tag nach Verlust des alten Männchens mit dem Geschlechtswechsler ab. Auch in den folgenden Tagen konzentrierten sich die Balzspiele des neuen Männchens ausschließlich auf das ranghöchste Weibchen. Ab dem 10. Tag wurden auch die übrigen Weibchen des Harems in die Balz mit einbezogen. Interessant ist auch, dass ein rangniederes Weibchen in der Zeit der Entwicklung des neuen Haremsführers zum vollständigen Männchen eine benachbarte Gruppe von *Centropyge vrolikii* aufsuchte um sich mit dem dortigen Männchen fortzupflanzen. Nach erfolgter Abgabe der Gameten suchte das fremdgehende Weibchen aber stets wieder ihren Harem und Schlafplatz auf.

von oben:
Streifen-Zwergkaiserfisch *Centropyge bispinosa*.

Beliebtester Zwergkaiserfisch: *Centropyge loriculus*.

Bidirektionaler Geschlechtswechsel

Neuere Untersuchungen haben ergeben, dass einige Zwergkaiserfische das Geschlecht in beide Richtungen wechseln können (Debelius & Kuiter 2003). Hioki & Suzuki (1996) beobachteten die Fähigkeit des bidirektionalen Geschlechtswechsels bei den Arten *Centropyge acanthops*, *Centropyge fisheri* und *Centropyge flavissima*, sie bestätigten dies durch histologische Präparate. Thaler (1999) beobachtete bei *Centropyge bispinosa* die gleiche Fähigkeit.

Frische (1998, 2002) konnte im Aquarium bei *Centropyge flavicauda* beobachten, dass das Männchen weibliche Verhaltensweisen beim Balzspiel und anschließendem Scheinlaichen zeigte, jedoch ohne dass die Abgabe der Gameten erfolgte. *Centropyge bispinosa* zeigten im Aquarium von H. Finck einige Male einen Rollentausch in der Form, dass nicht das Männchen, sondern das Weibchen durch Stupsen in der Bauchgegend zu dem beim Ablaichen üblichen Hochschwimmen animierte. In beiden Fällen kann es sich natürlich auch um Spielarten des Sexualverhaltens handeln.

Sakai et al. (2003a) untersuchten bei *Centropyge ferrugata* auch, ob beim bidirektionalen Geschlechtswechsel die phänotypischen Merkmale des einstigen Männchens zurückgebildet werden. Damit ein Männchen sich überhaupt zurück entwickeln konnte, wurden zwei Männchen in einem Aquarium miteinander vergesellschaftet. Die Tiere waren von unterschiedlicher Größe, zeigten aber beide den für Männchen typischen Phänotyp.

In den ersten zehn Tagen des Experimentes attackierten sich die beiden Kontrahenten heftig, ohne jedoch beschädigend auf den anderen einzuwirken. Ab diesem Zeitpunkt begann das dominante Exemplar damit, das unterlegene Tier im Genitalbereich mit dem Kopf zu berühren und in Richtung Wasseroberfläche zu drücken, ein für Kaiserfische beim Ablaichen typisches Verhalten.

Die Rückwandlung ins weibliche Geschlecht war offensichtlich eingeleitet. Bereits in dieser Phase versuchte das Männchen mit dem zum Weibchen gewordenen Tier abzulaichen, obwohl es noch die phänotypischen Merkmale des Männchens aufwies. 47 Tage später war das ehemalige Männchen vollständig zu einem Weibchen umgewandelt und laichte mit dem Männchen regelmäßig ab. Die Eier waren befruchtet. Nach dem Abschluss der Umwandlung der Gonaden waren auch die ursprünglichen phänotypischen Merkmale nicht mehr vorhanden.

Was ist der Sinn des bidirektionalen Geschlechtswechsels?

Versucht ein überzähliges Männchen in eine intakte Gruppe einzudringen, so wird es überall abgewiesen. Es wäre gezwungen, vom bisherigen Lebensraum in einen fremden zu wechseln, was mit Risiken für Leib und Leben verbunden ist. Ungefährlicher ist es, sich durch Umwandlung zum Weibchen in eine vorhandene Gruppe zu integrieren.

Die Pflege im Riffaquarium

Galt im reinen Fischaquarium die Pflege mancher Zwergkaiserfische noch als schwierig (z. B. Chlupaty 1980, de Graaf 1977) hat sich dies mit der Riffaquaristik grundlegend geändert. Riffaquarien sind üblicherweise reich strukturiert, sie bieten deshalb den Fischen annähernd naturnahe Lebensbedingungen. Die Fische gewöhnen sich rasch ein und akzeptieren das angebotene Frostfutter nebst Trockenfutter bereitwillig.

Natürlich gibt es auch Ausnahmen. Großkopf (2004) berichtet, dass die Pflege von *Centropyge aurantia* schwierig ist. Probleme bereiten auch

links: Goldstreifen-Zwergkaiserfisch *Centropyge aurantia*.

von oben:
Zitronen-Zwergkaiserfisch *Centropyge flavissima*.

Orangerücken-Zwergkaiserfisch *Centropyge acanthops*.

Shepard's Zwergkaiserfisch *Centropyge shepardi*.

Centropyge bicolor und *Centropyge nox* (z. B. Frische 1998).

Zwergkaiserfische begnügen sich nicht allein mit dem verabreichten Futter. Sie sind fortwährend damit beschäftigt, Bakterien- und Algenfilme nach Kleinstorganismen zu durchsuchen. Dabei werden manchmal auch die Wirbellosen mit einbezogen. Es kann zu Übergriffen kommen, bei denen Gewebe aus den Polypen gebissen wird oder Polypen abgerissen werden. Vor allem Riffmuscheln, Bäumchenkorallen aus der Familie Nephtheidae, Straußen-Weichkorallen aus der Familie Xeniidae und Wulstkorallen der Gattung *Trachyphyllia* verführen Zwergkaiserfische wie *Centropyge acanthops*, *Centropyge bicolor*, *Centropyge flavissima*, *Centropyge loriculus* oder *Centropyge heraldi* zum Zupfen. Hingegen sind *Centropyge bispinosa* wie auch *Centropyge aurantia*, *Centropyge ferrugata* und *Centropyge shepardi* nach unserer Erfahrung nur wenig an Blumentieren interessiert.

Um den geschilderten Übergriffen vorzubeugen, hilft es mitunter, in den Korallen territorial orientierte Grundeln und Riffbarsche anzusiedeln (Frische 2002a). Eine unbedingte Garantie gegen Übergriffe gibt es freilich nicht. Meerwasseraquarianer, die ihr Hauptaugenmerk auf die Pflege von Korallen und Muscheln richten, sollten unserer Auffassung nach auf Zwergkaiserfische verzichten, da sie das Verhalten dieser Fische auf Dauer nicht akzeptieren würden.

Die paarweise Haltung von Zwergkaiserfischen ist unproblematisch und für das Wohlbefinden der Tiere wünschenswert. Sollte bei Verlust eines Partners ein Exemplar nachgesetzt werden müssen, ist darauf zu achten, dass das neue Tier kleiner ist. Anfängliche Rangeleien um die Rangordnung werden so deutlich reduziert.

Die Aufzucht im Aquarium ist inzwischen gelungen

Fühlen sich Zwergkaiserfische im Aquarium wohl und haben das fortpflanzungsfähige Alter erreicht, lässt sich in den Abendstunden die Abgabe der Geschlechtsprodukte beobachten. Dabei positioniert sich das Männchen unter den Körper des Weibchens und berührt mit dem Kopf die Umgebung der Genitalpapille. Beide Tiere schwimmen so positioniert in Richtung Wasseroberfläche und geben kurz davor die Gameten ins freie Wasser ab. Die stecknadelkopfgroßen Eier werden mit der Strömung verwirbelt. Der Gametenabgabe können einige Scheinlaichvorgänge vorausgehen. Vor wenigen Jahren noch war man der Überzeugung, dass eine Aufzucht der etwa 1 mm langen Zwergkaiserfisch-Larven nicht möglich sei, da das hierzu nötige Plankton fehlt (Frische 1992). Baensch (2002, 2003) ist es gelungen, diese Mutmaßung zu widerlegen. Er schaffte es mit Hilfe von natürlichem Plankton, das im Labor auf bestimmte Größen selektioniert wurde, *Centropyge flavissima*, *Centropyge fisheri* und *Centropyge loriculus* zu vermehren. Die letztgenannte Art wurde fast gleichzeitig auch im Ozeanischen Forschungsinstitut Hawaii im Aquarium erfolgreich aufgezogen (Delbeek 2002).

Centropyge argi (ab 300 Liter).

Centropyge acanthops (ab 400 Liter).

Geeignete Zwergkaiserfische im Überblick

Centropyge bicolor (ab 600 Liter).

Centropyge flavissima (ab 600 Liter).

Centropyge flavicauda (ab 400 Liter).

Centropyge bispinosa (ab 500 Liter).

Centropyge loriculus (ab 500 Liter).

Centropyge potteri (ab 500 Liter).

Familie Blenniidae – Schleimfische

Schleimfische lassen sich in drei Kategorien einteilen:

- die Boden bewohnenden, vornehmlich herbivor lebenden Arten, wie beispielsweise die Arten der Gattung *Salarias*,
- die freischwimmenden, friedfertigen Arten, z. B. die Arten der Gattung *Meiacanthus*
- die räuberischen, ebenfalls freischwimmenden Arten. Als Beispiele seien die Arten der Gattungen *Aspidontus* und *Plagiotremus* genannt.

Vor allem die Boden bewohnenden Arten haben ökologische Nischen nahe den Küsten besetzt, in denen Ebbe und Flut, Stürme und extreme Temperatur- und Salzschwankungen die Tiere stark belasten. Ihre außergewöhnliche Adaption an diesen Lebensraum hat dazu geführt, dass benthische Schleimfische nicht nur das Wasser kurzzeitig verlassen können, sondern auch in der Lage sind, zeitweilig Brackwasser zu tolerieren, um an das schmackhafte Grün zu gelangen, welches ihre Nahrungsgrundlage darstellt. Damit die kleinen Fische nicht zu einem Spielball der Wellen werden, saugen sie sich mit der auffällig verlängerten Afterflosse auf dem Untergrund fest, indem sie diese einfach zur Seite legen. Außerdem befinden sich an den großen, kräftigen Brustflossen hebelartig wirkende Flossenstrahlen, mit denen sie sich an kleinen Vorsprüngen verhaken, die dem Brandungsgestein eine unregelmäßige Oberfläche verleihen. Werden sie dennoch von einer Welle erfasst, die so stark ist, dass ihre ausgeklügelte Haltetechnik versagt, können die Fische 50 bis 60 cm weite Sprünge absolvieren, um so in ruhigeren Bereichen zu landen (Loch & Loch, 2002). Dieses Verhalten brachte ihnen den Beinamen Felsenspringer ein. Ein Verhalten, das in einem nicht abgedeckten Aquarium den Tod bringende Folgen hat. Hier wartet nach einem Sprung nicht der erhoffte, Aufwuchs bewachsene Felsbrocken, sondern der trockene Boden vor dem Aquarium. Werden sie dort nicht sofort gefunden, sterben sie unweigerlich.

Meiacanthus atrodorsalis – Augenstreifen-Säbelzahn-Schleimfisch.

Foto: Jürgen Pfleiderer

Lebensnotwendige Schleimhaut

Der Lebensraum, in dem benthische Schleimfische leben, ist für Fische, welche die üblichen Schuppen besitzen, nicht geeignet. Die scharfen Kanten des Gesteins und des groben Sandes würden schnell dazu führen, dass Schuppen verletzt und letzten Endes abgerissen würden, was tiefe Wunden nach sich ziehen würde. Anders sieht es bei den Schleimfischen aus. Ihr Körper ist in eine dicke Schleimschicht eingebettet, die durch zahlreiche Drüsen auf der Körperoberfläche produziert wird. Durch die Schleimschicht können die Fische ohne Verletzungen über scharfe Kanten gleiten. Sie sind damit optimal angepasst an ihr Habitat.

So vorteilhaft der Schleim auch ist, hat er doch einen Nachteil: Bakterien und andere unliebsame Krankheitserreger könnten ihn als Siedlungssubstrat nutzen. Damit dies nicht geschieht, produzieren Schleimfische antimikrobiotische Substanzen (u. a. Giacomello et al. 2006). Die antimikrobiotische Eigenschaft des Schleims erklärt, warum Schleimfische im Aquarium so selten erkranken. Beachtet werden sollte allerdings, dass die Schleimhaut der Schleimfische nicht immer die Aufkalkung des Wassers mit Calciumhydroxid verträgt.

Gattung *Atrosalarias*

Atrosalarias fuscus – Brauner Schleimfisch

Detrivore Ernährung

Atrosalarias fuscus gehört zu den detrivoren Fischen. Der Mageninhalt untersuchter Fische enthielt 98 % Detritus, der sich aus 72 % einzelligen Algen und 3% Invertebraten, wie winzige Muscheln, Schnecken und Würmer zusammensetzte (Wilson 2000). Dass in der Nahrung fädige Algen fehlen, ist nicht verwunderlich, die Zähne im Maul der Fische sind Raspelwerkzeuge und nicht geeignet für das Beißen oder Abreißen langfädiger Algen, das Gebiss ähnelt dem der Doktorfische aus der Gattung *Ctenochaetus*.

Die natürlichen Ansprüche von *Atrosalarias fuscus* lassen sich im Aquarium nur dann erfüllen, wenn sich auf der Dekoration und auf den Aquarienscheiben Algenrasen bilden. Die Fische sind begierig damit beschäftigt, diesen Algenrasen abzuweiden. Daneben lernen sie auch schnell, tierische Nahrung aus dem freien Wasser zu fangen.

Paarbildung und Balzverhalten

Atrosalarias fuscus ist als Jungtier gelb gefärbt, nachdem er eine Körpergröße von etwa 8 cm erreicht hat, findet eine Umfärbung in ein tiefdunkles Braun statt.

Wer schon einmal versucht hat, einen *Atrosalarias fuscus* in Altersfärbung zu einem bereits vorhandenen Exemplar hinzuzusetzen, wird wahrscheinlich erschreckt festgestellt haben, dass sich die Tiere gar nicht mögen und der Schwächere meist sein Heil im Sprung aus dem Aquarium sucht. Anders hingegen sieht es aus, wenn ein *Atrosalarias fuscus* hinzugesetzt wird, der noch die gelbe Jugendfarbe besitzt. Das derart gefärbte Jungtier wird von den Alttieren geduldet. Dass eine andere

Foto: Jürgen Pfleiderer

von oben:
Jungtiere des Braunen Schleimfischs sind gelb gefärbt.

Sich umfärbendes Jungtier, rechts die Farbe des Alttiers.

links:
Atrosalarias fuscus – Brauner Schleimfisch.

Körperzeichnung den Ausschlag dafür gibt, dass ein Jungtier im Terrain eines Alttieres existieren kann, kommt häufig vor, hinlänglich bekannt ist dies beispielsweise bei den Arten der Gattung *Pomacanthus*. Die Balz findet nachmittags statt. Das Männchen tanzt dabei sinuskurvenförmig mit hellgrau gefärbtem Körper vor dem Weibchen durch das Wasser. Am Ende steht das Ablaichen in einer Höhle. Die demersalen Eier werden dort abgelegt und vom Weibchen bewacht. In der Zeit der Eierbewachung ist das Männchen äußerst aggressiv und beißt andere Fische wie auch die menschliche Hand, die Haut wird dabei abgeschabt. Die Schürfwunde brennt fürchterlich, sobald sie mit Salzwasser in Kontakt gerät.

Aquarienpflege

Abgesehen von der erhöhten Aggressionsbereitschaft während der Eierpflege gilt *Atrosalarias fuscus* als friedlich. Wenn genügend Algenrasen vorhanden ist, ist die Ernährung einfach, zumal auch Frostfutter gern genommen wird. Die oft beschriebene Sprungbereitschaft ist vor allem dann zu beobachten, wenn die Fische bedrängt werden oder in einem zu kleinen Aquarium mit zu wenig Aufwuchs gepflegt werden.

Gattung *Ecsenius*

Alle Arten der Gattung *Ecsenius* leben im tropischen Indopazifik. Die meisten ernähren sich von

Speziell geformte und verankerte Zähne ermöglichen es Schleimfischen den Bodengrund von Aufwuchs abzuschaben.

Algen, die sie vom Gestein und von abgestorbenen Korallen abnagen. Es wird berichtet, dass sie auch an Polypen von Steinkorallen knabbern. Einige Arten fressen tierisches Plankton. Alle Arten suchen sich im Gestein Unterschlupfe, die sie energisch sowohl gegen Artgenossen als auch gegen fremde Arten verteidigen.

Im Aquarium lernen Blenniiden der Gattung *Ecsenius* schnell, Ersatznahrung aus dem freien Wasser aufzunehmen. Die Zufütterung von Frost- und Flockenfutter ist unabdingbar, da im Aquarium oft zu wenig Algenrasen vorhanden ist. Bei einigen Arten kann man die Geschlechter unterscheiden, sodass sich Paare zusammenstellen lassen. Bei *Ecsenius bicolor* besitzen die Männchen zu Filamenten ausgezogene Schwanzflossen. Allerdings können diese Flossenverlängerungen während des Transports brechen und ein als Weibchen erworbenes Tier stellt sich dann im Aquarium überraschend als Männchen heraus. Die Vergesellschaftung zweier Männchen ist nach unserer Erfahrung dauerhaft nicht möglich.

Das Aquarium sollte zahlreiche Unterschlupfmöglichkeiten bieten, in einem gut eingerichteten Riffaquarium dürfte dieses kein Problem darstellen. Fühlen sich *Ecsenius*-Arten wohl, verbringen sie eine große Zeit des Tages damit, auf erhöhten Plätzen zu sitzen und das Treiben in und vor dem Aquarium genau zu verfolgen. *Ecsenius stigmatura* beispielsweise liebt die ausladenden Teller groß gewachsener *Sarcophyton* sp..

In den letzten Jahren sind neben *Ecsenius bicolor* – das ist die unter Meerwasseraquarianern bekannteste Schleimfischart – weitere Arten eingeführt worden. Dazu gehören *Ecsenius lividanalis*, *Ecsenius gravieri*, *Ecsenius lineatus* oder auch *Ecsenius stigmatura*. Nicht vergessen wollen wir *Ecsenius midas*, eine Art die zu denen gehört, die tierisches Plankton fressen. Die Fische stehen oft vor ihrem Ansitz frei im Wasser, was untypisch für Schleimfische ist. Es gibt Diskussionen, ob diese Art wirklich der Gattung *Ecsenius* zuzurechnen ist.

Gattung *Exallias*

Exallias brevis – Leoparden-Schleimfisch

Unter den Boden bewohnenden Schleimfischen, die bevorzugt Algen fressen, gibt es eine Ausnahme. Der wunderschön gefärbte Leoparden-Schleimfisch *Exallias brevis* hat sich auf den Verzehr von Steinkorallen spezialisiert. Die Fishbase (Oktober 2009) gibt an, dass *Exallias brevis* in Gemeinschaft mit Steinkorallen der Gattungen *Acropora*, *Pocillopora*, *Seriatopora*, *Porites* und *Millepora* lebt und sich von deren Gewebe ernährt.

Geht man von der besonderen Ernährung aus, sollte sich die Frage der Pflege eigentlich gar nicht stellen. Da aber dieser Schleimfisch in den letzten Jahren verstärkt eingeführt wird und immer wieder als Seltenheit angepriesen wird, macht es unserer Meinung nach Sinn, hier darauf einzugehen.

Die Leoparden-Schleimfische akklimatisierten sich schnell im Riffaquarium. Während der sechs Monate, über die wir die Fische pflegten, blieben

von oben:
Meiacanthus nigrolineatus – Schwarzstreifen-Säbelzahn-Schleimfisch.

Säbelzahn-Schleimfische werden wegen ihrer Giftigkeit von anderen Schleimfischen in der Farbe imitiert: *Ecsenius gravieri* – Rotmeer-Mimikry-Wippschwimmer.

1

2

3

4

Foto: Jürgen Pfleiderer.

sie gesund, Mangelerscheinungen oder Defizite in der Körpergestalt (z. B. eingefallener Bauch) konnten wir nicht beobachten. Untereinander verhielten sie sich nicht so ruppig, wie es von anderen Boden bewohnenden Schleimfischen berichtet wird. Es stellte sich heraus, dass sowohl Algenaufwuchs als auch Spirulina-Flocken gefressen wurden, sowie Fischeier und – wenn auch in geringerem Maße – *Mysis* und Artemien.

Trotzdem fielen die beiden *Exallias brevis* sofort über die Steinkorallen her. Die Korallengrundeln der Art *Gobiodon histrio* waren den Schleimfischen nicht gewachsen und konnten ihre Wirtskorallen nicht ausreichend schützen.

Als erstes wurde das Gewebe aller *Acropora*-Kolonien gefressen, gefolgt von *Pocillopora*-, *Montipora*- und *Millepora*-Kolonien. Nachdem alle kleinpolypigen Steinkorallen soweit abgenagt waren, dass kein verwertbares Gewebe mehr vorhanden schien, wurden großpolypige Steinkorallen wie *Lobophyllia* und *Caulastrea* gefressen. Lediglich eine *Euphyllia ancora* und eine *Plerogyra sinuosa* blieben unbehelligt. Alle Versuche, die beiden Fische mit einer Falle zu fangen, schlugen fehl. Erst nachdem alle Korallen weitgehend vernichtet waren, kehrten die Fische wieder dazu zurück, Algenaufwuchs und Ersatznahrung aufzunehmen. Trotzdem wurden die Korallen täglich aufs Neue

linke Seite:
1 *Ecsenius stigmatura*.

2 Zwei Männchen von *Ecsenius bicolor* – Zweifarben-Wippschwimmer.

3 Der Leoparden-Kammzähner ernährt sich überwiegend vom Gewebe kleinpolypiger Stein-korallen.

4 *Ecsenius midas* – Neonaugen-Wippschwimmer.

Foto: Jürgen Pfleiderer.

Ecsenius stigmatura.

abgesucht und jedes sich andeutende Gewebe gefressen.

Für uns beeindruckend ist die Effizienz, mit welcher der Leoparden-Schleimfisch das Gewebe abschabt. Ein gewaltiges Gebiss mit speziell geformten Zähnen garantiert, dass mit einem Biss das Gewebe von dem darunter liegenden Skelett abgerissen wird.

Die Pflege ohne Steinkorallen

Nach unseren Beobachtungen bleiben alle Leder- und Weichkorallen, sowie gelbe Krustenanemonen und Scheibenanemonen aus der Gattung *Discosoma* unbeachtet. Eine Vergesellschaftung dieser Korallen mit *Exallias brevis* wäre somit möglich, wenn eine ausreichende Versorgung mit Ersatzfutter sichergestellt werden kann. Zu bedenken ist allerdings, dass die von uns reichlich verfütterten proteinreichen Fischeier das Wasser stark belasten und ein entsprechend hoher Aufwand für den Erhalt der Wasserqualität erforderlich ist.

Salarias ramosus.

Aufgrund unserer Erfahrungen kommen wir zu dem Schluss, dass dieser Schleimfisch, so schön er auch gefärbt ist, für die Pflege in einem mit Steinkorallen besetzten Riffaquarium nicht empfohlen werden kann.

Gattung *Salarias*

Salarias fasciatus – Juwelen-Felshüpfer

Wer kennt ihn nicht, den Juwelen-Felshüpfer *Salarias fasciatus*. Er ist zwar keine Schönheit, weil aber Algen seine Leibspeise sind, findet man ihn in vielen Aquarien. Gelegentliche Übergriffe auf Korallen sind beschrieben, doch scheint dies eher eine Verzweiflungstat zu sein, nämlich dann, wenn nicht genügend Algenrasen zur Verfügung steht.

Fadenalgen werden als Nahrung nicht akzeptiert, weil das Gebiss dieser Fische optimiert ist für das Abschaben von Algenteppichen und sich nicht dazu eignet, langfädige Algen abzubeißen. Die hohe Zahl der Zähne in den Ober- und Unterkiefern sind weich und borstenähnlich. Außerdem ist der einzelne, länglich gewachsene Zahn nicht fest mit dem Kiefer verwachsen, sondern überaus biegsam. Beim Abschaben des Untergrundes geben die Zähne somit nach und können deshalb nicht brechen, wenn sie auf dem festen Untergrund aufgesetzt werden. Wären sie fest verankert, würden sie bei dieser Ernährungsstrategie schlicht brechen.

So ist es nicht überraschend, wenn Wilson (2000) schreibt, dass bei Magenuntersuchungen von Kammzähnern langfädige Algen nur sporadisch gefunden wurden.

Atrosalarias fuscus (ab 500 Liter).

Ecsenius gravieri (ab 400 Liter).

Geeignete Schleimfische im Überblick

Ecsenius bicolor (ab 400 Liter).

Ecsenius lividanalis (ab 400 Liter).

Ecsenius midas (ab 500 Liter).

Ecsenius stigmatura (ab 400 Liter).

Salarias fasciatus (ab 500 Liter).

Salarias ramosus (ab 500 Liter).

Besatzempfehlungen für Aquarien mit 600 bis 1000 Litern

Familie Pomacentridae – Riffbarsche

Gattung *Chromis* – Schwalbenschwänzchen

Die unter Meerwasseraquarianern bekannteste Art dieser Gattung ist das Grüne Schwalbenschwänzchen *Chromis viridis*. Es ist mit seinen schönen Farben ein Blickpunkt in jedem Aquarium.

Die Körperlängen der einzelnen *Chromis*-Arten sind sehr unterschiedlich. Die wenig bekannten Arten *Chromis acares*, *Chromis lineata*, *Chromis nigrura* und *Chromis retrofasciata* zählen mit 5,5 cm zu den kleinsten (Allen, 1991). *Chromis verater* und *Chromis hypsilepis* mit rund 21 cm, *Chromis cadenati* mit 22 cm, *Chromis intercrusma* mit 27 cm und *Chromis punctipinnis* mit 33 cm sind dagegen

Chromis viridis – Grünes Schwalbenschwänzchen lässt sich in großen Aquarien artgerecht pflegen.

wahre Riesen. Die regelmäßig eingeführten Arten weisen Körperlängen zwischen 7 cm (*Chromis dimidiata*), 9 cm *(Chromis viridis)* und 13 cm (*Chromis cyanea*) auf.

Soziale Lebensform

Informiert man sich über *Chromis viridis* in der Fachliteratur, findet man, dass es sich um einen Schwarmfisch handelt (z. B. Baensch & Patzner 1998, Brockmann 2000, Frische 2000). Dies wird auch *Chromis diademata* und *Chromis cyanea* (Baensch & Patzner, 1998) bescheinigt. Im Gegensatz dazu steht die Auffassung von Rombach (2004), der sich mit der Frage: „Was ist ein Schwarmfisch?" befasst. Er kommt zu dem Schluss, dass die Arten der Gattung *Chromis* keine echten Schwarmfische sind, da sie weder einen konstanten Individualabstand zu anderen Schwarmmitgliedern einhalten, noch desorientiert wirken, wenn einzelne Exemplare vom Schwarm isoliert werden.

Wie aber sind Schwalbenschwänzchen dann organisiert? Wir glauben, bei Helfman et al. (1997) die richtige Definition gefunden zu haben. Dort wird unterschieden zwischen unorganisierten Schwärmen und organisierten Schwärmen. Ähnlich wie bei Rombach (2004) benutzen auch Helfman et al. als Kriterium die koordinierte Fortbewegung. Innerhalb eines organisierten Schwarmes gibt es einen Führer, dem die übrigen Schwarmmitglieder folgen. Die Führungsposition ist nicht starr an ein einziges Exemplar gebunden, sie wird abhängig von der jeweiligen Situation auch von anderen Schwarmmitgliedern wahrgenommen. Verbände, zu denen sich die Fische nur zur Nahrungssuche oder zur Fortpflanzung zusammenfinden, werden von Helfman et al. als unorganisierte Schwärme bezeichnet.

Folgt man dieser Definition, dann handelt es sich bei den Schwalbenschwänzchen um einen unorganisierten Schwarm. Innerhalb eines solchen Verbandes besitzt jedes Einzeltier sein eigenes kleines Revier. Die Fische verlassen ihr Terrain zur Nahrungssuche und kehren bei Gefahr blitzschnell in ihr Revier zurück. Dieses Verhalten lässt sich auch in reich gegliederten Aquarien beobachten.

Mimikry von *Chromis*-Arten durch andere Fischarten

Dass Fische die Verbände von *Chromis*-Arten für ihre Zwecke zum effektiveren Jagen nutzen, berichten Williams & Williams (2000). Danach ahmen juvenile Schwarze Schnapper (*Apsilus dentatus*) *Chromis cyanea* nach und leben in deren Fressgemeinschaften. *Lutjanus inermis* imitiert *Chromis atrilobata*, *Lutjanus bohar* ahmt gleich mehrere Arten der Gattung *Chromis* nach.

Interessant bei *Chromis cyanea* ist, dass nicht nur *Apsilus dentatus* diese Art imitiert, sondern auch der Blaue Hamletbarsch *Hypoplectrus gemma* (Williams & Williams, 2000). Nach Auffassung der Autoren ist dies sehr ungewöhnlich, da es äußerst selten ist, dass zwei verschiedene Fischarten den gleichen Fisch nachahmen. Unbekannt ist, ob die Räuber, die die *Chromis* als Tarnung nutzen, von diesen welche fressen.

von oben:
Chromis retrofasciata – Schwarzbinden-Schwalbenschwänzchen.

Zwei *Chromis viridis* tragen einen Revierkampf aus.

Chromis cyanea – Blaues Schwalbenschwänzchen.

Kommunikation innerhalb von Fress- und Schutzgemeinschaften

Wie erfolgt die Verständigung innerhalb eines Verbandes? Bei Heringen wird seit kurzem vermutet, dass gezielt aus dem After entlassene Luftblasen der Kommunikation innerhalb eines Schwarmes dienen (Wilson et al., 2003). Hawryshyn et al. (2003) haben die visuelle Kommunikation bei Riffbarschen untersucht, darunter auch *Chromis viridis*. Die Wissenschaftler fanden heraus, dass *Chromis viridis* vier Klassen von Fotorezeptoren besitzt, die sich in den Stäbchen der Augen finden. Die Maxima liegen

- im UV-Bereich zwischen 357 und 367 nm,
- im kurzwelligen Bereich zwischen 469 und 478 nm,
- im mittleren Wellenbereich von 482 bis 493 nm,
- und im langwelligen Bereich von 512 bis 514 nm.

Es ist anzunehmen, dass, wie bei der Gattung *Dascyllus* (Frische & Finck, 2004), auch bei der Gattung *Chromis* für die Kommunikation der UV-Bereich eine wichtige Rolle einnimmt. Hawryshyn et al. (2003) stellten fest, dass Riffbarsche die bislang komplexesten Ausprägungen im Bereich der Lichterkennung untersuchter Wirbeltiere haben.

Die Pflege im Aquarium

Wenn es um die Pflege von *Chromis*-Arten im Riffaquarium geht, herrscht Einigkeit darüber, dass die Schwalbenschwänzchen für die Pflege im Riffaquarium gut geeignet sind, zumal sie sich nicht an Korallen vergreifen. Nicht einig sind sich die Pfleger über die Vergesellschaftung. Während beispielsweise Brockmann (2000) die Pflege einer kleinen Gruppe empfiehlt, finden sich andere Autoren (z. B. Lange, 1986, hier ist *Chromis viridis* noch als *Chromis caeruleus* benannt), die von dieser Praktik abraten. Er empfiehlt stattdessen auf ein Aquarium von 1000 Litern Wasserinhalt ein Männchen mit bis zu drei Weibchen zu vergesellschaften.

Nach unseren Beobachtungen ist es durchaus möglich, in einem Aquarium ab 600 Litern *Chromis*-Arten, insbesondere *Chromis viridis*, in einer Anzahl von acht bis zwölf Fischen zu pflegen. Allerdings sollte das Aquarium reich strukturiert sein, damit die Tiere kleine Reviere bilden können. In der Literatur wird angeraten, zweimal täglich oder noch besser in mehreren kleinen über den Tag verteilten Portionen zu füttern. Wir haben allerdings auch bei Beschränkung auf zweimaliges abwechslungsreiches Füttern mit *Cyclops*, Fischeiern, *Mysis*, Artemien und Trockenfutter keine Auffälligkeiten im Verhalten und der körperlichen Verfassung unserer Exemplare festgestellt.

Foto: John E. Randall

von oben:
Je nach Lichteinfall variiert die Körperfarbe von *Chromis viridis*.

Chromis dimidiata – Zweifarb-Schwalbenschwänzchen.

Chromis margaritifer – Zweifarben-Schwalbenschwänzchen.

Irrungen und die Folgen

Manche *Chromis*-Arten ähneln sich in der Färbung, aber überhaupt nicht im Verhalten. Extrem ausgeprägt beobachteten wir dies bei *Chromis dimidiata* und *Chromis margaritifer*. Während sich die erstgenannte Art durchaus zu einer Fress- und Schutzgemeinschaft zusammenfindet, zeigt sich *Chromis margaritifer* als ausgeprägt territorial. *Chromis dimidiata* kann bei entsprechender Gestaltung der

Dekoration problemlos zu mehreren gepflegt werden. Bei *Chromis margaritifer* bereitet dies Probleme. Das Revierverhalten der Fische lässt es nicht zu, dass mehr als zwei Exemplare selbst in Aquarien von 600 bis 1000 Litern dauerhaft gepflegt werden können.

Ein ähnliches Verhalten zeigt auch *Chromis cyanea* (DeLoach, 1999). Der Autor beschreibt, dass sich in der Natur juvenile *Chromis cyanea* zu Fress- und Schutzgemeinschaften zusammenschließen. Mit zunehmendem Alter spalten sich aus der Gruppe Paare ab, die fortan gemeinsam ein kleines Terrain bewohnen und keinen weiteren Artgenossen mehr dulden. Ein Verhalten, das auch im Aquarium zu beobachten ist.

Neben den bereits erwähnten *Chromis diademata* und *Chromis margaritifer* ist auch *Chromis iomelas* ähnlich gefärbt. Bei diesen drei Arten muss man beim Kauf ganz genau hinschauen, da auch *Acanthochromis polyacanthus* eine Farbmorphe ausbildet, die diesen Arten ähnelt (Frische & Finck 2004). Dies ist bei *Acanthochromis polyacanthus* besonders problematisch, da sich der Meerwasseraquarianer bei diesen Fischen „kleine Monster" ins Aquarium setzt, die ziemlich groß werden und äußerst unverträglich gegenüber anderen Fischen sind (Thaler, 1998). Die Aggression ist vor allem bei der Brutpflege stark ausgeprägt, da dieser Riffbarsch seine Jungen bewacht.

Acanthochromis polyacanthus – Stachel-Riffbarsch.

Chromis viridis (ab 600 Liter).

Chromis margaritifer (ab 600 Liter).

Geeignete Schwalbenschwänzchen im Überblick

Chromis retrofasciata (ab 400 Liter).

Chromis cyanea (ab 600 Liter)
Foto: Jürgen Pfleiderer.

Chromis dimidiata (ab 600 Liter).
Foto: Prof. John E. Randall

Wird aus dem Mittelmeer oft mitgebracht: *Chromis chromis* (ab 600 Liter).
Foto: Jürgen Pfleiderer

Familie Serranidae – Zackenbarsche

Unterfamilie Anthiinae – Fahnenbarsche

Gattung *Pseudanthias*

Pseudanthias-Arten sind bei den Meerwasseraquarianern sehr beliebt. Dem entsprechend werden sie im Fachhandel regelmäßig angeboten.

Pseudanthias squamipinnis – Juwelen Fahnenbarsch

Der Inbegriff eines Fahnenbarsches ist der Juwelen-Fahnenbarsch *Pseudanthias squamipinnis*. Nicht nur, dass diese Art die weitaus häufigste im Fachhandel ist, an ihr wurden viele wissenschaftliche Fragen gelöst, wie beispielsweise der Geschlechtswechsel oder das Verhalten im Schwarm.

Pseudanthias bimaculatus – Männchen.

Anzahl der zu pflegenden Tiere

Seitdem Fahnenbarsche in die Aquarien Einzug gehalten haben wird diskutiert, wie viele Individuen gleichzeitig in einem Aquarium gepflegt werden sollten. Bei der Debatte gibt es zwei Lager: Die Anhänger des einen favorisieren eine paarweise Pflege, da nach ihrer Erfahrung alle weiteren Exemplare früher oder später verenden. Die Anhänger des anderen Lagers sind der Auffassung, dass die Pflege mehrerer Exemplare in einer Gruppe ideal ist, wobei allerdings nur ein Männchen vorhanden sein darf, alle übrigen Gruppenmitglieder müssen Weibchen sein.

Michael (1998) hat dieses Thema ausführlich behandelt. Er kommt zu dem Schluss, dass die Pflege einer Gruppe erst in Aquarien ab ca. 700 Litern möglich ist. Die Gruppe sollte ein Männchen und mindestens acht Weibchen enthalten. Es ist wichtig, dass alle Tiere gleichzeitig in das Aquarium gesetzt werden und sich unter den Weibchen keines befindet, das gerade im Begriff ist, sich zu einem Männchen umzuwandeln. Folglich ist es angebracht, Jungtiere, die nicht größer sind als 3 bis 4 cm, zu kaufen. Warum es mindestens acht Weibchen sein sollen, begründet Michael damit, dass dann die Rivalitäten in der Gruppe auf viele Exemplare verteilt werden. Das Verhältnis von 1 zu 8 findet man auch in Gruppen von *Pseudanthias squamipinnis* in der Natur. Achtet der Pfleger jetzt auch noch auf zahlreiche Versteckmöglichkeiten, dann ist diese Konstellation durchaus Erfolg versprechend.

Um überhaupt eine Chance einer langjährigen Pflege des Juwelen-Fahnenbarschs zu haben, ist darauf zu achten, dass die Tiere in ausgezeichnetem Gesundheitszustand im Händlerbecken schwimmen. Bei Tieren, die in zu schlechter Verfassung gekauft

Foto: Jürgen Pfleiderer

Pseudanthias squamipinnis – Juwelen Fahnenbarsch. Das rote Exemplar ist das Männchen.

wurden (leicht abgemagert, der Kot ist weißlich und fädig), ist es uns nie gelungen, derartig geschädigte Exemplare am Leben zu halten. Offensichtlich bedeutet ein zu langer Leidensweg ohne geeignete Ernährung das Todesurteil für diese agilen Fische.

Interessant ist die Entwicklung einer Gruppe von *Pseudanthias squamipinnis*, die im Vivarium Karlsruhe gepflegt wurde (Frische & Kirchhauser 2010). Nach gut zwei Jahren begannen hier die zwei größten Weibchen, sich gleichzeitig in Männchen mit der typischen roten Färbung umzuwandeln. Das ist ein typisches Problem, wenn man ausschließlich Weibchen kauft! Die zwei Männchen prügelten sich gut einen Monat lang, bis eines davon scheinbar fehlte. Man nahm an, es sei verstorben. Als aber die Tiere gezählt wurden, waren alle da! Das unterlegene Männchen hatte wieder

Foto: Jürgen Pfleiderer

die orange Weibchen-Färbung angenommen! Über viele Jahre hatte es jetzt das Problem, dass es – quasi als größtes Weibchen – vom dominierenden Mann als „Lieblingspartner" heftig umworben wurde. Nach gut sieben Jahren wandelte sich dieses „Weibchen-Männchen" wieder in ein rotes Männchen um. Seitdem kann es sich im Becken ganz gut behaupten, auch wenn es dem Alphamännchen klar unterlegen ist.

Das Problem der ausreichenden Ernährung

Der schlechte Vitalzustand vieler im Handel angebotener Fahnenbarsche geht neben Stress, mangelndem Versteck- und Raumangebot vor allem auf schlechte Ernährung zurück. Die richtige Ernährung spielt auch bei der Pflege im heimischen Aquarium eine wichtige Rolle. Fahnenbarsche sind Planktonfresser und den überwiegenden Teil des Tages auf Nahrungsfang. Im Aquarium heißt dies: eine kontinuierliche Ernährung mit kleinem, schwebendem Frost- und Trockenfutter. Es ist erstaunlich, wie schnell viele Fahnenbarsche lernen, Granulatfutter anzuneh-men. In diesem Fall ist die mehrmalige Fütterung durch Einsatz eines Futterautomaten einfach zu bewerkstelligen. Der Pfleger braucht nur noch darauf zu achten, dass der Futterautomat stetig gefüllt ist. Natürlich darf daneben die reichliche Gabe von Frostfutter nicht vergessen werden. Ist die Futtermenge üppig und mangelt es an den übrigen Lebensbedingungen nicht (wie unter anderem ein gut strukturiertes Aquarium mit vielen Versteckmöglichkeiten) dauert es zumeist nicht allzu lange und ein balzendes Sekundärmännchen wird sein prächtiges Farbkleid anlegen.

Pseudanthias squamipinnis eignet sich für die Pflege im Steinkorallen-Riffaquarium

Foto: Jürgen Pfleiderer

von oben:
Weibchen des Juwelen Fahnenbarschs.

Im Vordergrund ein Sekundärmännchen des Juwelen-Fahnenbarschs.

Männchen des Juwelen-Fahnenbarschs.

Die Vergesellschaftung

Fahnenbarsche rotten sich zu Schulen oder Ansammlungen (Jungnickel 2007) zusammen. Dieses geschieht nicht ohne Grund, denn in der Masse ist das einzelne Individuum vor Angriffen potenzieller Fressfeinde besser geschützt (Frische 2008).

Im Aquarium lernen die Fahnenbarsche anscheinend, dass ihnen keine Gefahr droht und das in der Natur überlebenswichtige geordnete Gruppenverhalten nicht wichtig ist; ausgiebige Rangordnungsgefechte sind die Folge. In zu kleinen Aquarien kommt es dann vor, dass am Ende nur noch ein Exemplar – bestenfalls zwei – übrig bleiben. Michael (1998) hat ein solches Szenario eindrücklich beschrieben.

Bei der Vergesellschaftung mit artfremden Fischen zählt *Pseudanthias squamipinnis* zu den robusten Fahnenbarschen. Er weiß sich auch gegen größere Fische zu behaupten, so es sich nicht um die lebhaften und ruppigen Lippfische aus den Gattungen *Thalassoma* oder *Coris* handelt. Auch gegen Drückerfische, wie *Odonus niger*, weiß sich der Juwelen-Fahnenbarsch zu behaupten.

Fahnenbarsche und Schwalbenschwänzchen sind im Riff oft zusammen zu finden.

Pseudanthias squamipinnis (ab 800 Liter).
Foto: Jürgen Pfleiderer

Pseudanthias bimaculatus (ab 800 Liter).

Geeignete Fahnenbarsche im Überblick

Pseudanthias lori (ab 600 Liter).
Foto: Jürgen Pfleiderer

Pseudanthias tuka (ab 800 Liter).
Foto: Jürgen Pfleiderer

Pseudanthias hypselosoma (ab 1000 Liter).
Foto: Jürgen Pfleiderer

Pseudanthias randalli (ab 600 Liter).
Foto: Jürgen Pfleiderer

Calloplesiops altivelis – Augenfleck-Mirakelbarsch.

Assessor mcneilli – Blauer Mirakelbarsch.

Der Augenfleck-Mirakelbarsch imitiert die Muräne *Gymnothorax meleagris*.

Familie Plesiopidae – Mirakelbarsche

Der bekannteste Mirakelbarsch ist zweifelsohne der Augenfleck-Mirakelbarsch *Calloplesiops altivelis*. Vor allem die interessante Zeichnung erweckt immer wieder Aufmerksamkeit. Die vielen weißen Punkte auf dem dunklen Körper bewirken, dass die Konturen des Fisches im halbschattigen Bereich schnell mit dem Hintergrund verschmelzen – mit einer Ausnahme, nämlich dem Scheinauge auf der Rückenflosse. Dies wird sichtbar, wenn der Mirakelbarsch seine Flossen aufstellt. Nicht nur, dass der Fisch durch das Stellen der Flossen mehr als das Doppelte an Körperumfang zunimmt, durch die Anordnung der weißen Punkte und das Scheinauge wird die Silhouette der Muräne *Gymnothorax meleagris* vorgetäuscht. Potenzielle Beutegreifer werden dadurch so stark verunsichert, dass sie von dem Versuch des Fanges ablassen.

Aquarienpflege

Im Aquarium lassen sich Mirakelbarsche leicht mit dem obligatorischen Frostfutter ernähren. Sehr gern werden kleine Sandgarnelen gefressen. Leider vergreifen sich die größer werdenden Mirakelbarsche an wehrlosen Garnelen. Auch vor den Putzergarnelen der Gattung *Lysmata* machen sie keinen Halt. Mirakelbarsche sind territorial lebende Einzelgänger, die nur während der Balz und der Eierablage zusammenkommen. Trotzdem ist die Pflege eines Paars im Riffaquarium möglich. Die Vergesellschaftung zweier gleichgeschlechtlicher Exemplare führt hingegen zu großen Schwierigkeiten. Da keine geschlechtsspezifischen Merkmale bekannt sind, fällt die Paarbildung nicht leicht. Am ehesten erfolgversprechend ist der gleichzeitige Einsatz zweier unterschiedlich großer juveniler Exemplare. Die Art ist inzwischen mehrfach erfolgreich nachgezogen worden.

Einen besonderen Stellenwert nehmen die nur selten eingeführten Mirakelbarsche aus der Gattung *Assessor* ein. Es sind klein bleibende Mirakelbarsche, die sich auf Planktonfang spezialisiert haben. Sie lassen sich hervorragend in einem Riffaquarium pflegen. Sie benötigen zum Wohlbefinden reichlich Versteckmöglichkeiten und Nahrung in mundgerechter Größe. Sie können in größeren Aquarien sogar in einer Gruppe gepflegt werden.

Assessor flavissimus – Gelber Mirakelbarsch.

Calloplesiops altivelis (ab 800 Liter).

Geeignete Mirakelbarsche im Überblick

Assessor flavissimus (ab 400 Liter).

Assessor mcneilli (ab 400 Liter).

Familie Monacanthidae – Feilenfische

Feilenfische tragen ihren deutschen Namen völlig zu Recht, denn ihre Haut fühlt sich rau an wie die Oberfläche einer Feile. Patzner & Moosleitner (1999) berichten, dass die Tiere früher getrocknet wurden und anschließend tatsächlich als Feilen Verwendung fanden. Zurzeit sind Feilenfische vor allem deshalb im Gespräch, weil der Seegras-Feilenfisch *Acreichthys tomentosus* als Vertilger von Glasrosen und Feueranemonen (*Anemonia* cf. *manjano*) empfohlen wird.

Der größte Feilenfisch ist der zirkumtropisch lebende Besenschwanz-Feilenfisch oder auch Schrift-Feilenfisch *Aluterus scriptus*. Er erreicht eine Länge von bis zu einem Meter und ist damit auch der einzige seiner Familie, der richtig groß wird. Die anderen Arten bewegen sich um Körperlängen von 10 cm bis 20 cm (Patzner & Moosleitner, 1999).

Feilenfische – ihr Leben in der Natur

Befasst man sich mit der Literatur zu Feilenfischen, verblüfft es, dass zu diesen Fischen im Vergleich zu anderen auffälligen Fischfamilien (z. B. Drückerfische) recht wenig an Information zu finden ist. Wir führen dies auf die versteckte Lebensweise der Feilenfische zurück, auf die auch Göthel (2003) hinweist, wobei er vermerkt, dass Taucher Feilenfische häufig übersehen. Dies nicht zuletzt deshalb, weil Feilenfische, einem Chamä-

Acreichthys tomentosus – Seegras-Feilenfisch.

leon gleich, ihre Körperfarbe blitzschnell verändern können und dadurch mit der Umgebung verschmelzen.

Die zirkumtropisch vorkommenden Feilenfische haben beinahe jeden Lebensraum erobert. So berichten Patzner & Moosleitner (1999) von Lebensräumen zwischen Seegras, Algendickicht, Weichkorallen, Gorgonien oder Steinkorallen. Hutchins (1999 in Andrews) gibt die Tiefenverbreitung der Feilenfische in den temperierten Zonen Australiens mit Tiefen von bis zu 250 Metern an. Viele Feilenfische beginnen ihr Leben in den seichten Seegrasfeldern, die sie mit zunehmendem Alter verlassen, um in die küstennahen Felsriffe zu wechseln, in denen sie ihre Geschlechtsreife erreichen. Von einigen Arten junger Feilenfische wird berichtet, dass sie auch inmitten der Tentakel von Quallen leben.

Besonderheiten des Körperbaus

Feilenfische wirken vom Körperbau her auf den ersten Blick recht hilflos. Dass dies eine Fehleinschätzung ist, merken Räuber dann, wenn sie versuchen, die Beute zu verschlingen. Humann (1999) gelangen spektakuläre Aufnahmen, die einen Hamletbarsch (*Hypoplectrus indigo*) in misslicher Lage zeigen. Der Barsch versucht verzweifelt, einen halb verschluckten Feilenfisch (*Monacanthus tuckeri*) wieder auszuspucken. Glück im Unglück hat der Hamletbarsch deshalb, weil ein *Halichoeres garnoti* die missliche Lage nutzt und zunächst den Schwanz mit nur einem Biss vom im Maul klemmenden Feilenfisch abtrennt. In weiterer Folge bedient sich der Lippfisch immer wieder an der im Maul des Hamletbarschs steckenden Beute (Frische & Finck 2006).

Im Normalfall werden der Rückenflossenstrahl und die Bauchflosse vor allem dann von den Feilenfischen eingesetzt, wenn es darum geht, sich in der Dekoration zu verankern, um dort zu übernachten. Einige Feilenfische bewegen sich kopfüber vorwärts, andere nehmen die übliche horizontale Schwimmweise ein, in welche die kopfstehenden Arten dann übergehen, wenn es zu flüchten gilt. Zur Flucht werden die zweite Rücken- und die Afterflosse wellenförmig bewegt. Der Schwanz dient als zusätzlicher Antrieb und gleichzeitig als Instrument der Steuerung.

Aluterus scriptus – Schrift-Feilenfisch.

Chaetoderma penicilligera – Fransen-Feilenfisch.

Geschlechtsunterschiede

Hutchins (1999 in Andrews) beschreibt, dass sich Männchen und Weibchen in ihrem Aussehen oftmals gut voneinander unterscheiden lassen.

Normalerweise haben die Weibchen die Form und die Farbe der Jungfische. Der Körper ist höher, die Form der Flossen ist abgerundet, bei den männlichen Tieren sind die Flossen gestreckt und im Profil konkav. Bei einigen Arten besitzen die Männchen zusätzlich einen gestreckten, fadenartigen Strahl, entweder an der zweiten Rücken- oder an der Schwanzflosse. Einige Feilenfisch-Arten lassen sich anhand bürstenartiger Gebilde, die aus verlängerten Schuppenstacheln entstanden sind, zuordnen. Bei den Männchen können diese besonders stark ausgebildet sein und oft die Form langer, gebogener Stacheln haben.

Soziale Struktur

Eichler & Myers (1997) geben an, dass ortsgebundene Feilenfische meistens solitär leben, im Freiwasser lebende Arten sich dagegen zu Gruppen zusammenschließen. Hutchins berichtet, dass einige Feilenfische zeitlebens mit einem Partner zusammenleben und nennt hier die Art *Meuschenia flavolineata*. Nach Hutchins gibt es auch Feilenfische, die im Harem leben, wie beispielsweise die Arten aus der Gattung *Acanthaluteres*.

Bisher gibt es keine Belege für einen Geschlechtswechsel bei den Feilenfischen. Hutchins (1999 in Andrews) verweist darauf, dass bei allen bisher untersuchten Feilenfischen das Verhältnis von Männchen zu Weibchen stets eins zu eins ist, während bei Fischfamilien, die zum Geschlechtswechsel fähig sind, wesentlich mehr Weibchen als Männchen festgestellt werden.

In diesem Zusammenhang möchten wir auf eine Arbeit von Takamoto et al. (2003) hinweisen, in welcher der protogyne Geschlechtswechsel bei dem im Harem lebenden Drückerfisch *Sufflamen chrysopterus* beschrieben wird. Da die Familie Monacanthidae sehr eng mit der Familie Balistidae verwandt ist, drängt sich die Frage auf, ob nicht auch Feilenfischarten, die Gruppen bilden, die Fähigkeit des Geschlechtswechsels besitzen.

Fortpflanzung

Es ist berichtet, dass Feilenfische der tropischen Riffe Nester bauen und die Eier bis zum Schlupf der Larven bewachen. Arten aus den subtropischen Regionen der Meere entlassen ihre Eier in die freie Wassersäule. Den Eiern fehlt allerdings ein Öltröpfchen und so sinken sie zwischen die Tangwälder zu Boden und entwickeln sich hier ohne weiteres Zutun der Eltern.

Leis & Carson-Ewart (2000) geben für die Eier Größen artabhängig zwischen 0,5 und 0,8 mm im Durchmesser an. Die Eier sind klebend und kugelig. Sie werden häufig an die marine Vegetation oder an sessile Invertebraten geklebt. Einige Arten legen ihre Eier im Sand ab. Nach Leis & Carson-Ewart (2000) bewacht die Mehrzahl der Arten von Feilenfischen ihre Eier nicht.

Die Larven schlüpfen in der Regel mit einer Größe von 1,6 mm bis 2,5 mm; sie besitzen einen Dottersack. Ihr Maul ist noch nicht völlig entwickelt, die Augen sind unpigmentiert, die Pigmente des Körpers ändern sich nicht wesentlich mit der Reduktion des Dottersacks (Leis & Carson-Ewart, 2000). Die Metamorphose der Larven beginnt bei vielen Arten zwischen dem 10. und 14. Tag.

Pflege im Aquarium

An zwei Beispielen möchten wir zeigen, dass die Pflege an die Bedürfnisse der jeweils gepflegten Art angepasst sein muss:

Vielfarbigkeit ist typisch für den Seegras-Feilenfisch.

Acreichthys tomentosus,
Seegras-Feilenfisch (Linnaeus, 1758)

Nach Tyler & Lange (1982) lässt sich *Acreichthys tomentosus* eindeutig daran identifizieren, dass sich an den Körperseiten ein blasses oder kreideweißes Band erstreckt. Dieser häufig eingeführte Feilenfisch ist über den gesamten südostasiatischen Raum verbreitet (Debelius, 2001). Die Tiefenverbreitung des Seegras-Feilenfisches *Acreichthys tomentosus*, der 8 bis 9 cm Länge erreichen kann, wird von Tyler & Lange (1982) mit bis zu drei Metern Wassertiefe angegeben. Hier lebt die Art über Sandflächen, in Seegrasfeldern, Strandbereichen und Schlammzonen mit Laub und Geäst.

In unseren Riffaquarien bereitete die Pflege von *Acreichthys tomentosus* keine Probleme. Dies gilt sowohl für die Nahrungsaufnahme als auch für die Anfälligkeit gegenüber Krankheiten. Wir pflegten

linke Seite unten: Männchen von *Pervagor nigrolineatus.*

Die vielfältige Farbänderung tarnt *Acreichthys tomentosus* in fast jedem Habitat.

Noch einmal in anderer Körperfarbe: *Acreichthys tomentosus.*

Der Gitter-Orangefalterfisch *Chaetodon xanthurus* frisst Feueranemonen.

zwei Tiere über einen Zeitraum von zwei Jahren. Außergewöhnliche Verhaltensweisen waren nicht zu beobachten. Wir glauben nicht, dass es sich um ein Pärchen gehandelt hat, da sich die Tiere, die von ähnlicher Größe waren, stets aus dem Weg gingen.

Tyler & Lange (1982) führen als Unterscheidungsmerkmal der Geschlechter die Borsten im Bereich der Schwanzwurzel an. Bei den Männchen entwickeln sich mit dem Erreichen der Geschlechtsreife verlängerte Borsten. Je älter die Männchen werden, desto mehr Borsten nehmen an Länge zu. Die Tiere benötigen zahlreiche Unterschlupfe, damit sie sich aus dem Weg gehen können. In unseren Aquarien wurden stark verästelte Lederkorallen (*Cladiella* spp. und *Sinularia* spp.) als Lebensraum bevorzugt. Wenig beliebt waren Steinkorallen und in der Form eher kompakte Korallen, wie beispielsweise *Sarcophyton* spp.

Die Nahrungsaufnahme bereitete – wie erwähnt – keinerlei Probleme. Neben dem obligatorischen Frostfutter wurde vor allem Granulatfutter gierig gefressen. Auch als Flocken servierte *Spirulina* galten bei *Acreichthys tomentosus* als Leckerbissen. Daneben konnten wir beobachten, dass Korallen aus der Familie Xenniidae gefressen wurden. Thaler (2000) beschreibt, dass auch Röhrenwürmer und dünnhäutige Steinkorallen, beispielsweise aus der Familie Trachyphylliidae, nicht verschmäht werden.

Der Seegras-Feilenfisch zählt sicher nicht zu den farbenprächtigen Fischen. Er wechselt zwar oft die Körperfarbe, doch fehlen die plakativen Farben. Da es sich zudem um einen Fisch handelt, der einige Korallengruppen als Nahrung ansieht, fragt man sich, woher das Interesse an dieser Art kommt.

Der Grund liegt darin, dass *Acreichthys tomentosus* Glasrosen (*Aiptasia* spp.) frisst. Dies vollzieht er mit einer Zuverlässigkeit, die weit vor der von *Chelmon rostratus* oder *Lysmata* cf. *rathbunae* liegt. Allerdings zu erwarten, dass sämtliche Glasrosen beseitigt werden, ist falsch. An verborgenen Stellen, die von den Feilenfischen nicht erreicht werden, können sich immer noch Glasrosen halten. Ebenfalls empfohlen wird *Acreichthys tomentosus* für die Vernichtung von *Anemonia* cf.

manjano. Wir selbst können dazu nichts aussagen, da bei uns alle Feueranemonen bereits vor dem Kauf von *Acreichthys tomentosus* durch *Chaetodon xanthurus* (Frische & Finck, 2003) vernichtet worden waren. Hebbinghaus (2004) konnte das gewünschte Fressverhalten nicht beobachten, so dass es fraglich ist, ob alle *Acreichthys tomentosus* Feueranemonen der Art *Anemonia* cf. *manjano* fressen.

Unbedingt zu erwähnen gilt, dass die Art inzwischen vermehrt wurde. Detailliertes hierzu beschreibt Bönig (2008).

Oxymonacanthus longirostris, Paletten-Feilenfisch (Bloch & Schneider, 1801)

Zweifellos gehört der Paletten-Feilenfisch *Oxymonacanthus longirostris* zu den schönsten seiner Familie. Dies schließt die endemisch im Roten Meer vorkommende Art *Oxymonacanthus halli* (Rotmeer-Paletten-Feilenfisch) ein, die sich von der vorgenannten Art durch ein kürzeres Maul sehr gut unterscheiden lässt. Das Vorkommen von *Oxymonacanthus longirostris* ist umfangreich über den Indopazifik verteilt. Hier bewohnt die Art die Korallenriffe in Tiefen zwischen 0,5 und 35 m (Debelius, 1999).

Oxymonacanthus longirostris (wie auch *Oxymonacanthus halli)* verbringen einen wesentlichen Teil ihres Lebens kopfüber im Schutz der Korallen. Nur bei Flucht und innerartlichen Auseinandersetzungen ändern die Fische ihre Position und wechseln in die waagerechte Schwimmweise.

Vor allem während der Nahrungsaufnahme ziehen die Fische ihre Schwanzflossen zusammen, sodass ein schwarzer Punkt sichtbar wird. Barlow (1987) vermutet dahinter das Imitat eines Fischkopfes. Bei Gefahr und in der Nacht verkanten

oben:
Oxymonacanthus halli – Rotmeer-Paletten-Feilenfisch

links:
Leicht verdeckt *Oxymonacanthus halli*, der Rotmeer-Paletten-Feilenfisch in seinem natürlichen Lebensraum.

sich die Paletten-Feilenfische mithilfe ihrer Rücken- und Bauchflossen zwischen den Korallen.

Mit neun Zentimetern erreicht *Oxymonacanthus longirostris* seine maximale Länge, *Oxymonacanthus halli* ist bereits mit 7 cm ausgewachsen. Von der Größe her wären sie ideale Fische in einem Riffaquarium mit durchschnittlicher Größe. Leider aber handelt es sich um Nahrungsspezialisten, die sich vorrangig auf die Polypen von Steinkorallen aus der Gattung *Acropora* spezialisiert haben. Kokita & Nakazono (2001) schließen ihre Publikation mit dem Satz: „Zusammenfassend lässt sich festhalten, dass die vorliegende Studie zeigt, dass das Vorhandensein gesunder *Acropora*-Kolonien unentbehrlich dafür ist, dass *Oxymonacanthus longirostris* im Korallenriff existieren kann". Hebbinghaus (2002) ist der Frage nachgegangen, ob *Oxymonacanthus longirostris* im Aquarium mit Ersatznahrung ernährt werden kann. Er schaffte es nicht, die von ihm gepflegten *Oxymonacanthus longirostris* auf Ersatznahrung umzustellen.

Unter diesen Voraussetzungen gilt es als Sensation, dass im Forum der „Marine Ornamental Fisch & Invert Breeders Association" Matt Pedersen von der gelungenen Nachzucht dieser Art berichtet. Die Zeit des Kaufs und der Zusammenstellung eines fressenden Paares bis hin zum Gelege und der Aufzucht der Larven in der Zeit von Januar 2008 bis Juni 2009 ist nicht nur detailliert beschrieben, sondern jeder relevante Schritt mit entsprechendem Foto- und Filmmaterial belegt. Erstklassig!

linke Seite:
Oxymonacanthus longirostris der Paletten-Feilenfisch verhakt sich nachts zwischen den Ästen von Gorgonien.

Oxymonacanthus longirostris – Paletten-Feilenfisch.

Acreichthys tomentosus (ab 600 Liter)

Geeignete Feilenfische im Überblick

Pervagor nigrolineatus (ab 600 Liter)

Pervagor janthinosoma (ab 800 Liter)

Familie Tetraodontidae – Kugelfische

Der lateinische Name der Ordnung Tetraodontiformes bezieht sich auf das eigentümlich geformte Gebiss (griechisch: odonti = Zähne) dieser Fische. Die Kiefer sind durch vier (griechisch: tetra = vier) miteinander verschmolzenen Kieferknochen ähnlich wie ein Schnabel geformt (lateinisch: formes = Gestalt). Das Maul ist klein und enthält nur wenige Zähne oder Zahnplatten. Auffallend ist die kleine Kiemenöffnung, die sich durch eine Verwachsung der Kiemenbögen mit der Haut des Rumpfes ergibt. Der Körper ist steif und hat eine hohe, rautenförmige, mitunter auch rundliche oder eckige Gestalt.

Die verfügbare Literatur zu dieser Fischgruppe lässt den Schluss zu, dass wahrscheinlich alle Kugelfische nebst Verwandten mehr oder weniger giftig sind. Die Kugelfische erreichen je nach Art 5 cm bis 100 cm Länge. Sie können ihren Körper bis zum dreifachen Volumen aufblähen, indem sie Wasser oder Luft schlucken und in eine sehr dehnbare, bauchseitig gelegene Ausbuchtung des Magens bringen (Randall 2005). Ein derart vergrößerter Kugelfisch wirkt äußerst abschreckend auf potenzielle Fressfeinde.

Finger weg! *Arothron stellatus* wird über einen Meter lang. Er ist bei weiten zu groß für Aquarien mit 600 bis 1000 Liter.

Die Giftigkeit von Kugelfischen

Alle Kugelfische können ein starkes Gift, das Tetrodotoxin, in Haut und Organen speichern. Habermehl (1994) gibt die LD_{50} (Menge eines Wirkstoffes, der bei einmaliger Gabe 50% der Probanden tötet) mit rund 8 µg/kg an. Tetrodotoxin wirkt am Nervensystem, wo es die Natriumkanäle blockiert. Dies führt dazu, dass Signale für den Muskel nicht mehr ihr Ziel erreichen. Der Muskel erlahmt (Mebs 2000). Der Prozess ist allerdings reversibel, d.h., das Tetrodotoxin-Molekül gibt nach einiger Zeit den Natriumkanal wieder frei. Aufgrund dieser Eigenschaft ist es möglich, fachgerecht zubereitetes Kugelfischfleisch zu essen. Mebs (2000) beschreibt, dass zu hauchdünnen Scheiben geschnittenes Kugelfischfleisch rasch ein leichtes Prickeln und Brennen im Mundbereich auslöst, eine Wirkung, die von gewissen Feinschmeckern geschätzt wird.

Wie das Tetrodotoxin in den Fischkörper kommt, wurde lange Zeit kontrovers diskutiert. Heute gilt als gesichert, dass die Produzenten des Tetrodotoxins Mikroorganismen sind, die im natürlichen Umfeld mit Nahrung und Sediment aufgenommen werden. Als Beweis für diese Annahme werden Untersuchungen mit Kugelfischen angeführt, die im Aquarium aufgezogen wurden und nicht mit Artgenossen aus der Natur in Kontakt gekommen waren. Sie waren ungiftig (Mebs 2000). Setzte man die Tiere allerdings zusammen mit Wildfängen in ein Aquarium, dauerte es nur kurze Zeit und die im Aquarium aufgezogenen Kugelfische wurden giftig. Es ist anzunehmen, dass sie über die Ausscheidungen der Wildfänge die Mikroorganismen aufgenommen haben. Produzenten des Tetrodotoxins sind nach Mebs (2000) Bakterien aus den Stämmen *Acinetobacter*, *Bacillus*, *Micrococcus* und *Alteromonas*. Diese nisten sich im Fischkörper ein und leben dort fortan weiter, was dazu führt, dass Kugelfische dauerhaft giftig sind. Man kann hier von einer Symbiose sprechen. Zum einen finden die Bakterien im Fischkörper einen Lebensraum, zum anderen wird der Fisch durch das Gift gegen Fressfeinde geschützt (Johnson 2002). Nach Saito et al. (1991) befanden sich die Tetrodotoxin produzierenden Bakterien im Dick- und Dünndarm der Kugelfische. Untersuchungen von Mahmud et al. (2003) zeigen, dass auch in den Hautschichten des im Brackwasser vorkommenden *Tetraodon nigroviridis* Tetrodotoxin enthalten ist.

Das Vorkommen im Körperschleim legt nahe, dass das Tetrodotoxin als Kontaktgift wirkt. Keine Überraschung also, wenn Hebbinghaus (2001) von einem tödlichen Unfall zweier Drückerfische berichtet, die beim Fang mit dem Kugelfisch *Arothron meleagris* nur wenige Sekunden in Kontakt kamen. Der Körperschleim des Kugelfisches führte zum Tode der beiden Drückerfische.

Die Familie der Kugelfische wird in die Unterfamilien Canthigasterinae und Tetraodontinae unterteilt. Wir beschränken uns auf die Unterfamilie Canthigasterinae, da nur sie für die hier beschriebene Aquariengröße geeignet ist. Die Arten aus der Unterfamilie Tetraodontinae werden einfach zu groß.

Canthigaster margaritata, der Perlen-Krugfisch im natürlichen Lebensraum.

Die Unterfamilie Canthigasterinae

In der Unterfamilie Canthigasterinae findet sich nur die Gattung *Canthigaster*. Von den hier registrierten 34 Arten (ITIS 2009) eignen sich einige für eine Pflege (mit Einschränkungen) im tropischen Riffaquarium. Ungeeignet, weil sie kalte Temperaturen benötigen, sind die atlantischen Arten.

Im Gegensatz zu ihren oft groß werdenden Vettern bleiben die Krug- oder Spitzkopfkugelfische, im Englischen „Tobies" genannt, mit maximal 13 cm erheblich kleiner. Woher sich der Name Spitzkopfkugelfisch ableitet, ist unschwer zu erkennen, wenn man *Canthigaster* spp. betrachtet. Der Name Toby allerdings, der übersetzt „Halskrause" lautet, war zunächst wenig aussagekräftig, bis es erforderlich war, einen *Canthigaster valentini* mit der Hand zu greifen. Der Fisch blähte sich in der Hand innerhalb weniger Sekunden auf. Nicht nur, dass der kleine Bursche dabei gut hörbare, quieckende Laute von sich gab, er sah aus, als wäre er mit einer Halskrause versehen worden, wie sie nach einem Autounfall mit Schleudertrauma verschrieben wird.

Oben *Paraluteres prionurus*, ein Feilenfisch, der den giftigen Sattel-Spitzkopfkugelfisch (unten) nachahmt.

Spitzkopfkugelfische können sich wie ihre großen Vettern ebenfalls mit Wasser oder Luft füllen. Erwähnenswert ist, dass sich die von uns gepflegten Spitzkopfkugelfische auch dann aufpumpten, wenn keine Gefahr in Verzug war. Dies geschah üblicherweise in den Morgenstunden, wenn noch keine Aquarienbeleuchtung eingeschaltet war und lediglich Tageslicht für etwas Helligkeit sorgte. Vielleicht eine notwendige Maßnahme, um die Flexibilität der beim Aufblasen betroffenen Körperteile zu erhalten? Weniger bekannt sein dürfte, dass auch Tobies giftig sind. Hebbinghaus (2001) beschrieb bereits diese Tatsache. Nuñez-Vázquez et al. (2000) untersuchten *Canthigaster punctatissima* und fanden sehr hohe Konzentrationen an Tetrodotoxin im Körperschleim (1,1 µg/g) und in den Fortpflanzungsorganen (3,9 µg/g).

Zur Fortpflanzung gibt es einige Untersuchungen. Vor allem von *Canthigaster valentini*, jene Krugfischart, die am häufigsten im deutschen Fachhandel angeboten wird, existieren Beobachtungsberichte (Gladstone 1987a, b). Nach seinen Ausführungen lebt *Canthigaster valentini* in einer

von oben:
Canthigaster valentini, der Sattel-Spitzkopfkugelfisch mit dem typisch spitz verlaufenden Kopf.

Männchen von *Canthigaster valentini*.

Weibchen von *Canthigaster valentini* fehlen die grünen Linien, die radiär um das Auge liegen.

Haremsstruktur, in der die Weibchen eigene Reviere besiedeln. Männchen und Weibchen lassen sich anhand der blaugrünen Linien, die beim Männchen radiär um das Auge liegen, unterscheiden den Weibchen fehlen diese Linien (Debelius 1999).

Das ganzjährige Ablaichen erfolgt im Territorium des Weibchens. Vom Männchen werden nur die Mitglieder seines Harems aufgesucht. Die Laichbereitschaft der Weibchen ist erkennbar an dem geschwollenen Abdomen. Die Balz ist lang, die Männchen zeigen dabei keine spezifische Färbung oder andere markante Äußerlichkeiten. Die demersalen Eier werden in ein vom Weibchen vorbereitetes Nest aus Algenstücken abgelegt. Hier bleiben sie sich selbst überlassen. Die Larven schlüpfen nach vier bis fünf Tagen (Gladstone 1987c). Junggesellen, die sich in das Revier des Männchens wagen, imitieren ein geschwollenes Abdomen und werden so von dem Haremsführer zunächst nicht weiter beachtet. Wenn sich der Haremsführer für das angeblich laichbereite Weibchen interessiert, ergreift der Junggeselle allerdings die Flucht.

Im Aquarium sollte man die Arten der Gattung *Canthigaster*, wenn möglich, als Paar pflegen. Gleichgeschlechtliche Artgenossen bedrängten

von oben:
Canthigaster compressa – Labyrinth-Spitzkopfkrugfisch.

Canthigaster solandri – Augenfleck-Spitzkopfkrugfisch.

sich massiv, der schwächere versuchte sich letztlich durch einen Sprung aus dem Aquarium zu retten.

Interessanterweise ist die Vergesellschaftung unterschiedlicher Arten aus der Gattung *Canthigaster* möglich. So konnten *Canthigaster compressa*, *Canthigaster solandri* und ein *Canthigaster-valentini*-Pärchen in einem 800-Liter-Aquarium vergesellschaftet werden. Dabei erwies sich *Canthigaster compressa* als vergleichsweise unverträglich, was jedoch zu keinen größeren Problemen führte, da er der kleinste des Quartetts war.

Die Pflege von Tobies ist einfach, da sie weder krankheitsanfällig noch zimperlich in der Nahrungsaufnahme sind. Es wird alles konsumiert, was an Frost- und Trockenfutter gereicht wird. Besonders gerne wird Granulatfutter gefressen, was auf die harte Konsistenz zurückzuführen sein dürfte, die wohl die Abnutzung der Zahnplatten unterstützt. Gierig aufgenommen werden auch Spirulina-Flocken.

Trotz bester Fütterung ließ es sich nicht vermeiden, dass die *Canthigaster* ihre natürliche Nahrung bevorzugten. So wurden Schnecken und Muscheln, Seeigel und einige Seesterne gefressen, ebenso kleine oder frisch gehäutete Garnelen. Nicht unerwähnt soll bleiben, dass die Wachstumsspitzen diverser *Acropora*-Arten leidenschaftlich gerne abgebissen und gefressen wurden. Vor allem *Canthigaster solandri* tat sich hierbei hervor. Ähnliche Erfahrungen im Aquarium machte auch Latka (2007) mit seinem Paar *Canthigaster jactator*. Eine uneingeschränkte Pflege der Angehörigen aus der Gattung *Canthigaster* im Riffaquarium, wie dies einige Autoren formulieren, lässt sich aufgrund unserer Erfahrungen nicht bescheinigen.

Canthigaster valentini (ab 600 Liter)

Geeignete Spitzkopf-Kugelfische im Überblick

Canthigaster solandri (ab 600 Liter)

Canthigaster compressa (ab 600 Liter)

Familie Cirrhitidae – Büschelbarsche

Innerhalb der Familie der Büschelbarsche, Korallenklimmer oder Korallenwächter finden sich für die Riffaquaristik eine Reihe interessanter und robuster Arten. Der wissenschaftliche Name rührt von den büschelartigen Fortsätzen her, die auf den Enden der Strahlen der Rückenflosse und oberhalb des Mauls auswachsen. Sie werden als Cirrhi (fadenartig) bezeichnet. Die Namen Korallenwächter oder Korallenklimmer leiten sich vom Verhalten der Fische ab. Ohne Schwimmblase sind die Arten dieser Familie darauf angewiesen, immer wieder eine sitzende Position einzunehmen. Um dabei den Überblick zu behalten, werden erhöhte Standorte innerhalb des Reviers bevorzugt. Dabei kann es sich auch um Korallen handeln, die als Ansitz genutzt werden. Der aufsitzenden Lebensweise angepasst, sind die fünf bis neun freistehenden Strahlen der Brustflossen am Ende mit kleinen Stacheln besetzt, die einen sicheren Halt garantieren. Korallenwächter sind Lauerjäger. Sie können stundenlang auf ihrem Hochsitz ausharren, um dann blitzschnell zuzustoßen.

Paracirrhites forsteri – Forsters Büschelbarsch.

Foto: Jürgen Pfleiderer

Oxycirrhites typus – Langschnäuziger Büschelbarsch.

Cirrhitichthys oxycephalus – Gefleckter Büschelbarsch.

Foto: Jürgen Pfleiderer

Das Verhalten als Lauerjäger führt dazu, dass Korallenwächter auch im Aquarium auf kleinere Fische und wehrlose Garnelen Jagd machen. So sind viele Zwerg- und Korallengrundeln ebenso gefährdet, wie Garnelen aus der Gattung *Lysmata*. Korallenwächter haben einen unerschöpflichen Appetit, so dass sie bereitwillig an die dargereichte Ersatznahrung gehen.

Vor einigen Jahren noch war über das Sozialverhalten der Korallenwächter wenig bekannt. Heute weiß man, dass Büschelbarsche in einem Harem zusammenleben. Einem Männchen sind zwei bis

drei Weibchen zugeordnet. Außerdem konnte vor Kurzem der Geschlechtswechsel nachgewiesen werden. Demnach bildet sich aus zwei unterschiedlich großen, jungen und noch nicht geschlechtsreifen Korallenwächtern stets ein Paar. Der Geschlechtswechsel ist nicht umkehrbar.

Aquarienpflege

Bekanntester Vertreter ist der Langschnäuzige Büschelbarsch *Oxycirrhites typus*. Der Aquarianer darf sich von seinem verlängerten, röhrenförmigen Maul nicht irritieren lassen, denn auch dieser Korallenklimmer ist in der Lage, auf die genannten Aquarienbewohner erfolgreich Jagd zu machen.

Abgesehen von der Jagdfreude dieser Fische, kann es gelegentlich bei Neueinsätzen zu Problemen kommen, wenn diese ins Revier der Büschelbarsche eindringen. Besonders ruppig hat sich hier *Cirrhitichthys oxycephalus* gezeigt. Ebenfalls zu Problemen kann bei empfindlichen Korallen das Aufsitzen führen. Derart belästigte Korallen öffnen nicht mehr richtig und können mitunter sogar absterben.

An dieser Stelle möchten wir dem Einsteiger unbedingt den rotfarbigen Feuer-Büschelbarsch *Neocirrhites armatus* ans Herz legen. Allerdings Vorsicht! Diese Art springt vor allem während der Fortpflanzung aus dem Aquarium, weshalb diesbezüglich Vorsorgemaßnahmen getroffen werden müssen.

linke Seite:
Paracirrhites forsteri in seinem natürlichen Lebensraum.

Oxycirrhites typus (ab 800 Liter).
Foto: Jürgen Pfleiderer

Geeignete Korallenwächter im Überblick

Paracirrhites arcatus (ab 800 Liter).
Foto: Jürgen Pfleiderer

Neocirrhites armatus (ab 600 Liter).

Chaetodontidae – Pinzettfische

Häufig eingeführt wird der Gebänderte Pinzettfisch *Chelmon rostratus*. Ihm wird nachgesagt, dass er die unliebsamen Glasrosen aus der Gattung *Aiptasia* spp. frisst. Leider sieht die Realität etwas anders aus, denn allenfalls 30 bis 40 Prozent aller *Chelmon rostratus* fressen diese Anemonen tatsächlich. Nicht unerwähnt bleiben soll, dass *Chelmon rostratus* als Vertilger der kleinen grünen Anemonen (*Anemonia* cf. *manjano*), die gemeinhin als Feueranemonen bezeichnet werden, völlig nutzlos ist. Unabhängig von seinem Ruf als Glasrosenfresser ist *Chelmon rostratus* bei Riffaquarianern sehr beliebt, weil er zu den wenigen Falterfischen gehört, die nicht innerhalb kürzester Zeit den gesamten Bestand an Korallen auffressen.

Chelmon rostratus – Gebänderter Pinzettfisch.

Aquarienpflege

Leider ist die Pflege von *Chelmon rostratus* im Riffaquarium nicht einfach. Es sind vor allem die ersten sechs bis acht Wochen, die über die erfolgreiche Pflege des Gebänderten Pinzettfischs entscheiden. Abgesehen davon, dass viele Pinzettfische schon beim Erwerb unterernährt sind und somit kaum noch eine Chance haben, längerfristig am Leben zu bleiben, ist es vor allem die Umgewöhnung auf Ersatznahrung, die oft nur unter bestimmten Voraussetzungen gelingt. Das Riffaquarium sollte schon einige Zeit bestehen und gut eingefahren worden sein, so dass sich Kleinlebewesen haben entwickeln können. Der Fisch findet dann ein Nahrungsspektrum vor, mit dem er die Eingewöhnungszeit überstehen kann. Dank seiner langen Schnauze kann er in tiefe Ritzen vordringen und findet dort Nahrung, die für andere Fische unerreichbar ist. Neben Kleingetier werden auch Wurmartige erbeutet. Borstenwürmer gehören allerdings nicht dazu. Stattdessen werden Röhrenwürmer, Kalkröhrenwürmer und die Würmer in den „Multi-Colorsteinen" gefressen. Dadurch ist es durch die Riffaquaristik möglich geworden, gesunden Pinzettfischen in der ersten Zeit die notwendige Nahrung zu bieten. Dies darf aber nicht darüber hinweg täuschen, dass es dringend erforderlich ist, *Chelmon rostratus* auf Ersatznahrung umzustellen.

Erfolgversprechend hierbei sind Miesmuscheln, die in der Schale gereicht werden, wie auch in sauberem Wasser gereinigte Rote Mückenlarven. Die Roten Mückenlarven scheinen durch ihre Form und ihre Farbe einen besonderen Reiz auf die Fische auszuüben, was sie dazu veranlasst, zuzuschnappen. Mit diesen beiden Futtersorten wurden schon viele, als heikel in der Nahrungsaufnahme beschriebene

Fische, an Ersatznahrung gebracht. Ebenfalls unentbehrlich im Futterangebot sind *Cyclops*, *Mysis*, Salinenkrebse und Krill.

Verhalten

Pinzettfische sind ausgiebige Schwimmer, die den gesamten Tag nach Nahrung suchen. Die Einrichtung muss reich strukturiert sein, damit sich der Gebänderte Pinzettfisch immer wieder zurückziehen kann. Insbesondere Riffbarsche verjagen ihn nach Neueinsatz über mehrere Tage hinweg, sobald er in deren Revier eindringt. Derartige Angriffe werden von dem Pinzettfisch mit gespreizten Rückstrahlen und mit in Richtung Untergrund gesenktem Kopf beantwortet. Meist ist nach ein bis zwei Wochen die Toleranzgrenze der anderen Aquarienbewohner so weit gestiegen, dass sich der Pinzettfisch im Aquarium frei bewegen kann. Ein großes Problem stellt die innerartliche Vergesellschaftung dar. Beobachtungen im natürlichen Biotop zur Folge lebt *Chelmon rostratus* im Riff paarweise. Gelegentlich wird berichtet, dass juvenile Gebänderte Pinzettfische in einer Gruppe einen kleinen Riffabschnitt besiedeln (de Graaf, 1977).

Versucht der Aquarianer jedoch im Aquarium dem natürlichen Sozialverhalten zu entsprechen, wird er vor eine fast aussichtslose Aufgabe gestellt. Kaum haben sich die beiden eingesetzten *Chelmon rostratus* im Riffaquarium eingelebt, gehen sie auch schon auf einander los. Dabei kann beim ersten gegenseitigen Kontakt der beiden Tiere beobachtet werden, wie sich der sonst schwarze Augenfleck für wenige Sekunden grau bis weiß verfärbt. Nach dem Aufleuchten des Augenflecks drehen sich die Tiere für kurze Zeit im Kreise, wobei sie, den Körper leicht nach unten geneigt, entgegengesetzt zu einander stehen. Dies heißt: Der Kopf des einen Pinzettfischs ist der Schwanzflosse des anderen zugewandt. Die Drehungen werden immer schneller, wobei eine gleichzeitige Farbintensivierung einher geht. Außerdem versuchen die beiden Fische, sich gegenseitig wegzudrücken.

Dann, scheinbar ohne Grund, ist entschieden, wer der Stärkere ist und der Unterlegene sucht sein Heil in der Flucht. Aussichtslos! Denn unbarmherzig wird er vom Sieger verfolgt und bei jeder sich bietenden Gelegenheit gehetzt und attackiert. Schnell magert der Verlierer ab. Nach 10 bis 14 Tagen ist sein Ende besiegelt.

von oben:
Chelmon rostratus, die paarweise Pflege gelingt nur in Ausnahmefällen.

Chelmon rostratus (ab 800 Liter).

Warum greifen sich die sonst eher friedlichen *Chelmon rostratus* so unnachgiebig an? Eine Theorie vermutet, dass der Nahrungsmangel und die zwangsläufige Verarmung der natürlichen Nahrung in einem Aquarium zu diesen Auseinandersetzungen führen. Dass dies aber nicht die alleinige Ursache sein kann, zeigen die vielen Beobachtungen, die belegen, dass Gebänderte Pinzettfische, die bereits längerfristig im Aquarium leben und gut genährt sind, vehement neu zugesetzte Artgenossen attackieren. Und dies unabhängig von der Größe oder der Zahl der zugesetzten Artgenossen.

Letztendlich bleibt die ernüchternde Feststellung, dass es äußerst schwierig ist, *Chelmon rostratus* paarweise zu pflegen.

Familie Gobiidae

Gattung *Valenciennea* – Bagger-Grundeln

Die Bagger-Grundeln der Gattung *Valenciennea* wurden von Bleeker 1856 erstmalig beschrieben und 1994 von Douglas Hoese und Helen Larson einer Revision unterzogen. Diese ist bis heute aktuell. Im Juni 2010 sind in der Gattung *Valenciennea* laut dem Integrated Taxonomic Information System (ITIS) fünfzehn valide Arten gelistet, die allesamt im Indopazifik leben.

Der Körper dieser Grundeln ist langgestreckt. Ihr größter Vertreter ist nach Angaben der Fishbase (2010) *Valenciennea helsdingenii*. Sie erreicht eine Länge bis 25 cm. Andere Quellen, wie Allen at al. (2003), beziffern die Länge von *Valenciennea helsdingenii* allerdings nur auf 14,5 cm.

Eines ihrer auffälligsten Merkmale sind die vollständig getrennten Bauchflossen. Bei vielen anderen Grundeln sind die Bauchflossen zu einem trichterförmigen Haftorgan geformt. Die ersten Rückenflossenstrahlen tragen lange Filamente.

Valenciennea wardi – Breitband-Baggergrundel.

Ihre Länge wird verschiedentlich als Geschlechtsmerkmal angeführt. Die Männchen sollen sich durch lange Filamente auszeichnen.

Valenciennea puellaris – Maiden-Baggergrundel.

Leben in der Sandzone

Die Sandzone ist ein für wehrlose Tiere gefährlicher Siedlungsraum, was die Untersuchungen von Reavis (1997b) zeigen, der eine 88 %-ige Sterblichkeit markierter *Valenciennea strigata* innerhalb von sechs Monaten angibt.

Ein annähernd 100%-iger Verlust der gekennzeichneten Grundeln war nach einem Jahr festzustellen. Die meisten Grundeln werden dabei durch Jäger getötet. Kein Wunder also, dass Bagger-Grundeln schreckhaft und stets „auf dem Sprung" sind. Trotzdem scheint die Natur keinen besseren Lebensraum für Bagger-Grundeln zu bieten.

Valenciennea sexguttata – Blaupunkt-Baggergrundel.

Unermüdlich sind die Fische damit beschäftigt, Wohnhöhlen anzulegen und den Aushub vor dem Eingang zu platzieren. Doch dieser verbleibt dort nur kurz, denn alsbald wird der entstandene Berg wieder abgetragen – nicht jedoch ohne diesen zuvor nach Nahrung ausgesiebt zu haben.

Bagger-Grundeln gewinnen ihre Nahrung in der Natur ausschließlich durch das Aussieben des Grundes nach Kleinorganismen.

Paar von *Valenciennea puellaris* vor ihrem Höhleneingang.

Anschließend wird der ausgesiebte Bodengrund, neuerlich an anderer Stelle wieder aufgeschüttet. Im Aquarium kann diese Tätigkeit den unerwünschten Nebeneffekt haben, dass die prächtig gewachsenen Korallen von den Grundeln einfach zugeschüttet werden.

Ein nervendes Unterfangen für den Meerwasseraquarianer: Die Koralle wird vom Aquarianer vom Sand befreit, die Grundeln schütten die Koralle wieder zu.

Foto: Jürgen Pfleiderer

Valenciennea strigata – Goldstirn-Baggergrundel.

rechte Seite oben: Kurz vor der Eiablage ist das Weibchen der Maiden-Baggergrundel (oben) gut am gewölbten Bauch zu erkennen.

Warum das unermüdliche Baggern?

Das fortwährende Buddeln findet seine Ursache in der Sozialstruktur der Bagger-Grundeln. Die Arten der Gattung *Valenciennea* leben überwiegend monogam. Welchen Vorteil haben die Arten der Gattung *Valenciennea* von dieser Lebensform? Die zweieinhalb Jahre währenden Untersuchungen von Reavis (1997a, 1998) zu *Valenciennea strigata* liefern eine Erklärung. Monogamie lohnt bei Grundeln, die auf dem Sandboden ihre Höhlen graben, nur, wenn sich daraus ein Vorteil zur Arterhaltung ergibt. Die Arten der Gattung *Valenciennea* bewohnen einen kleinen Bereich in den Sandzonen des Korallenriffs. Hier graben sie Bauten und legen Bruthöhlen an. Sie kämpfen in der Natur nicht um Reviere. Stattdessen unterhalten die Männchen von *Valenciennea strigata* mehrere Nisthöhlen. Außerdem können weitere Wohnbauten im Bodengrund existieren. Je größer das Männchen ist, desto mehr Höhlen nennt es sein Eigen. Dies nutzen die Weibchen, weil sie so mehr Höhlen zur Verfügung haben, in denen sie ablaichen können. Für das Weibchen lohnt es sich also, mit dem Männchen eine feste Bindung einzugehen. Das Männchen wiederum möchte das größtmögliche Weibchen als Partnerin, da es von diesem erwartet, dass es am fruchtbarsten – weil am größten – ist. Für beide Partner lohnt sich also, wenn sie eine monogame Beziehung eingehen. Clark (2000) erwähnt als einen weiteren Vorteil monogamer Bindungen folgenden: Während ein Partner frisst, hält der andere nach Fressfeinden Ausschau. Es ließ sich nachweisen, dass durch diese Lebensform der Jagderfolg bei Räubern reduziert wurde.

Pflege im Aquarium

Wie bereits erwähnt, enthält die Gattung *Valenciennea* aktuell fünfzehn Arten, von denen etwa sechs bis sieben regelmäßig importiert werden. Für die meisten *Valenciennea*-Arten ist es wichtig, als Paar gehalten zu werden, da ihnen nur so ein langes Leben im Aquarium beschieden sein wird. Warum Einzeltiere oft nicht älter als sechs Monate werden, lässt sich derzeit noch nicht zufriedenstellend beantworten.

Beim Kauf empfiehlt es sich, nur paarweise gehaltene Bagger-Grundeln zu erwerben, da Geschlechtsunterschiede schwierig oder gar nicht zu erkennen sind. Auf ein Leben in der Sandzone spezialisiert, kauen die Grundeln den Bodengrund nach Nahrung durch. Dieses Verhalten wird im Aquarium selbstverständlich ausgiebig praktiziert. Zu etwa 70% des Tages wird mit diesem Energie zehrenden

Verhalten Futter gewonnen. Leider mit wenig Erfolg, denn der Bodengrund eines Aquariums ist arm an Bagger-Grundelnahrung. Es ist also wichtig, dass die Bagger-Grundeln schnell lernen, Ersatznahrung aus dem freien Wasser zu fangen.

Die Herausforderung, Arten aus der Gattung *Valenciennea* auf den Fang auch von frei schwebender Nahrung zu gewöhnen, erweist sich bei den gelehrigen Fischen als einfach. In den ersten Tagen der Eingewöhnung wird vor dem Unterschlupf der Grundeln etwas Frostfutter in den Sand gegraben. Die Grundeln sieben dies aus. Bei der Frostfuttergabe wird die Strömung für 20 Minuten ausgeschaltet. Um die Tiere mehrmals am Tag versorgen zu können, wird über einen Futterautomaten zusätzlich zweimal täglich Granulatfutter gereicht. Damit Trockenfutter akzeptiert wird, beginnt man zunächst, den hungrigen Bagger-Grundeln dieses vor der Gabe des Frostfutters zu verabreichen. Die Grundeln schnappen rasch nach der unbekannten Nahrung und lernen, sie als zusätzliches Futter zu schätzen.

Neben der Nahrungsbeschaffung wird die übrige Zeit des Tages mit dem Bau von Höhlen verbracht. Das stete Bewegen des Sandes hat den Vorteil, dass der Bodengrund gereinigt wird und so frei von Fäulnisherden bleibt. Der Nachteil dieser Tätigkeit aber ist, dass im Aquarium durch die Grabaktivitäten empfindliche Wirbellose dann Schaden davontragen können, wenn sie zugeschüttet oder ständig von herabfallendem Sand getroffen werden.

Ablaichverhalten

Um das Ablaichverhalten im Aquarium studieren zu können, braucht man ein gut genährtes Paar. Steht das Weibchen kurz vor der Eiablage, was an einem gewölbten Bauch einfach zu erkennen ist, wird von beiden Tieren intensiv gebaggert und Sand verschoben. Den zentralen Punkt des Grundelbaus bildet eine geräumige Ablaichhöhle, die über mehrere Öffnungen und Gänge erreicht werden

Der Eiballen von *Valenciennea puellaris* wurde an der Höhlendecke befestigt.

kann. So erhält das Weibchen wohl die Chance, während der Phase der Brutpflege bei drohender Gefahr flüchten zu können.

Für den Aquarianer erkennbar wird die erfolgreiche Eiabgabe in der Bruthöhle dadurch, dass nur noch das Männchen im Aquarium zu sehen ist. Das Weibchen ist eingegraben und verbleibt in den folgenden 72 Stunden (bei 25 °C Wassertemperatur) in der Nisthöhle. Alle Öffnungen wurden vom Männchen, entgegen üblicher Manier, von außen verschlossen. Das Männchen kommt in den Bau über eine zugeschüttete, breite Öffnung am Fuße der Sandburg. Von dort aus gelangt es über einen Gang in die Nisthöhle. Nach 72 Stunden Brutdauer öffnet das Männchen von außen – gelegentlich auch von innen – den Zugang zur Nist-

Valenciennea randalli – Randalls Baggergrundel.

höhle. Das Weibchen verlässt die Burg. In den folgenden 60 Minuten siebt sie ausgiebig den Bodengrund nach Fressbarem aus. Gut, wenn in dieser Zeit gefüttert werden kann. Danach geht es wieder in die Burg und wird neuerlich vom Männchen eingegraben. Es verbringt die restlichen Stunden bei der Brut bis diese die Eihüllen sprengt. Die rund zwei Millimeter langen Larven erscheinen nach dem Ausschalten der abendlichen Blaubeleuchtung oder in den frühen Morgenstunden. Kurz zuvor hat das Männchen die Bruthöhle geöffnet. Nach rund viertägigem Brutgeschäft sind mit dem Einschalten der Tagesbeleuchtung alle Eingänge der Sandburg wieder geöffnet und das Paar ist emsig mit Reinigungs- und Reparaturarbeiten befasst. Es dauert nun zwei bis vier Wochen, ehe es neuerlich ablaicht. Für das Weibchen Zeit genug, sich Fettreserven anzufuttern und ausreichend Protein für die Eiproduktion aufzunehmen. Feiner Krill erfüllt diese Aufgabe vorzüglich.

Sprungfreudigkeit

Bagger-Grundeln zählen zu den Fluchtfischen und damit zu prädestinierten Springern. Die Bereitschaft zum Springen ist abhängig von der Art.

Häufig springend sind: *Valenciennea helsdingenii*, *Valenciennea randalli*, *Valenciennea wardi*, und *Valenciennea strigata*,

Kaum springend sind: *Valenciennea puellaris*, *Valenciennea sexguttata*, *Valenciennea longipinnis* und *Valenciennea muralis*.

Leider gehören die „kaum springenden" Arten zu denjenigen, die den gesamten Bodengrund eines Aquariums von links nach rechts und wieder zurück bewegen können, was den Korallen gar nicht gefällt.

Valenciennea strigata (ab 800 Liter)

Geeignete Baggergrundeln im Überblick

Valenciennea sexguttata (ab 800 Liter)

Valenciennea puellaris (ab 800 Liter)

Familie Acanthuridae – Doktorfische

Die Gattung *Ctenochaetus* – Borstenzahn-Seebader

Auffällig bei den Borstenzahn-Seebadern ist ihr Maul. Es ist im geöffneten Zustand zu einem Dreieck geformt und mit wulstigen Lippen versehen. Alle Arten dieser Gattung sind Aufwuchsfresser. Allerdings sind sie nicht in der Lage, langfädige Algen abzubeißen. Ihre borstenförmig angeordneten, beweglichen Zähne, die als Raspelorgan funktionieren, lassen das nicht zu. Die Anordnung der Zähne gab den Fischen den deutschen Trivialnamen Borstenzahn-Seebader.

Ctenochaetus hawaiiensis – Chevron-Borstenzahn-Doktorfisch in Altfärbung. Ein schöner Fisch, er wird mit 25 cm leider zu groß für Aquarien von 600 bis 1000 Liter.

Inzwischen gelangen neben den bekannten Arten wie *Ctenochaetus striatus* und *Ctenochaetus strigosus* auch farbenprächtigere Arten zu uns in den Handel. So beispielsweise *Ctenochaetus hawaiiensis* oder *Ctenochaetus tominiensis*. *Ctenochaetus*-Arten zählen mit weniger als 20 cm Körperlänge ebenfalls zu den kleiner bleibenden Doktorfischen unter 20 cm, ausgenommen *Ctenochaetus hawaiiensis*, für den in der Literatur 25 cm angegeben werden.

Neben dem lebensnotwendigen Aufwuchs nehmen die Borstenzahn-Seebader nach Eingewöhnung auch das handelsübliche Frostfutter und Trockenfutter zu sich. Arten aus der Gattung *Ctenochaetus* schädigen aufgrund ihres Gebisses Korallen nicht und zeigen sich auch sonst recht friedlich. Bei dieser Gattung ist für die Pflege mehrerer Exemplare der gemeinsame Einsatz von Fischen in unterschiedlicher Größe zu beachten.

Die Gattung *Zebrasoma* – Segelflosser

Hier trifft der deutsche Name Segelflosser zweifelsohne zu. Spreizen die Arten dieser Gattung ihre Flossen ab, ist der Gedanke an ein straff gespanntes Segel nicht von der Hand zu weisen. Wegen ihres ruhigen Verhaltens werden Segelflosser in vielen Riffaquarien gepflegt. Für Aquarien von 600 bis 1000 Liter kommen allerdings nur der Gelbe Segelflossen-Doktorfisch *Zebrasoma flavescens* und der Weißdorn Segelflossen-Doktorfisch *Zebrasoma scopas,* allenfalls noch der Mauritius-Segelflossen-Doktorfisch *Zebrasoma gemmatum* in Frage. Sie gehören mit höchstens 20 cm Körperlänge in der Natur (Randall 2002) zu den kleineren der insgesamt acht Arten dieser Gattung. Man

Ctenochaetus cyanocheilus – Blaulippen-Borstenzahn-Doktorfisch in Jugendfärbung.

Ctenochaetus cyanocheilus (oben) und Ctenochaetus strigosus – Indischer Goldring-Borstenzahn-Doktorfisch, beide in Altfärbung.

Ctenochaetus tominensis – Tominis Borstenzahn-Doktorfisch.

Ctenochaetus hawaiiensis – Chevron Borstenzahn-Doktorfisch in Jugendfärbung.

Zebrasoma flavescens – Gelber Segelflossen-Doktorfisch.

Zebrasoma rostratum – Schwarzer Segelflossen-Doktorfisch.

kann zwei oder auch mehrere Exemplare einer Art zusammen pflegen, vorausgesetzt, es werden auch hier unterschiedlich große Tiere eingesetzt und der Einsatz erfolgt gleichzeitig. Hervorzuheben ist bei dieser Gattung die geringe Anfälligkeit gegen Ektoparasiten. Die Nahrungsaufnahme bereitet keine allzu großen Probleme. Grünkost, wie z. B. Löwenzahn, Chicorée oder auch Spirulina-Flocken, ist für diese Arten unverzichtbar. Fehlt diese, kann es zu Schuppenverlusten entlang des Seitenlinienorgans und rund um die Augen kommen. Mangelernährung zeigt sich auch durch ein deutliches Hervortreten der Eingeweide durch die Außenhaut.

Zebrasoma scopas – Weißdorn-Segelflossen-Doktorfisch.

Foto: Jürgen Pfleiderer

Ctenochaetus strigosus (ab 800 Liter)

Ctenochaetus cyanocheilus (ab 800 Liter)

Geeignete Doktorfische im Überblick

Ctenochaetus tominensis (ab 800 Liter)

Zebrasoma flavescens (ab 800 Liter)

Zebrasoma scopas (ab 800 Liter).
Foto: Jürgen Pfleiderer

Zebrasoma gemmatum (ab 800 Liter).

Literaturverzeichnis

1 Allen, G. R. (1991): Riffbarsche der Welt. Mergus Verlag, Melle.

2 Allen, G. R. (1996): The king of the cardinalfishes. Tropical Fish Hobbyist 44(5), 32-45

3 Allen, G. R. & R. Steene & Allen, M. (1998): Angelfishes & Butterflyfishes. Odyssey Publishing / Tropical Reef Research.

4 Allen, G. R. (2000): Threatened fishes of the world: Pterapogon kauderni Koumans, 1933 (Apogonidae). Environmental of Fish Biology 57: 142

5 Allen, G. R. (2001): Description of Two New Gobies (Eviota, Gobiidae) from Indonesian Seas. Aqua 4(4), 125-130Allen, G. R. & R. Steene & P. Humann & DeLoach N. (2003): Reef Fish Identification – Tropical Pacific. New World Publications, Inc. Jacksonville.

6 Allen, G. R. & R. Steene & P. Humann & DeLoach, N. (2003): Reef Fish Identification – Tropical Pacific. Odyssey Publication, El Cajon, California U.S.A.

7 Allen, G. R. & Erdmann, M. V. (2008): A new species of damselfish (Pomacentridae: Chrysiptera) from western New Guinea and the Togean Islands, Indonesia. aqua 13(3-4), 171-178

8 Allen, G. R. & M. V. Erdmann & Barber, P. H. (2010): A new species of damselfish (Chrysiptera: Pomacentridae) from Papua New Guinea and eastern Indonesia. aqua 16(2), 61-70.

9 Andrew, N. (1999): Under Southern Seas: The Ecology of Australia's Rocky Reefs. University of New South Wales Press Ltd, Sydney.

10 Appeltans, W. & P. Bouchet & G. A. Boxshall & K. Fauchald & D. P. Gordon & B. W. Hoeksema & G. C. B. Poore & R. W. M. van Soest & S. Stöhr & T. C. Walter & Costello M. J. (2010): World Register of Marine Species. http://www.marinespecies.org

11 Arvedlund, M. & Nielsen, L. E. (1996): Do the Anemonefish Amphiprion ocellaris (Pisces: Pomacentridae) Imprint Themselves to Their Host Sea Anemone Heteractis magnifica (Anthozoa: Actinidae)? Ethology 102, 197-211

12 Arvedlund, M. & M. I. McCormic & D. G. Fautin & Bildsoe, M. (1999): Host recognition and possible imprinting in the anemonefish Amphiprion melanopus (Pisces: Pomacentridae). Marine Ecology Progress Series, Vol. 188: 207-218

13 Arvedlund, M. & I. Bundgaard & Nielsen, L. E. (2000): Host imprinting in anemonefishes (Pisces: Pomacentridae): does it dictate spawning site preferences? Environmental Biology of Fishes 58: 203-213

14 Baensch, F. (2002): Die Zucht von drei Zwergkaiserfischen: Centropyge flavissimus, Centropyge loriculus und Centropyge fisheri. Aquaristik Fachmagazin & Aquarium heute. 34(6), 80-84

15 Baensch, F. (2003): Marine Copepoden als Aufzuchtfutter und die erfolgreiche Zucht zwei weiterer Centropyge-Arten. Aquaristik Fachmagazin & Aquarium heute 35(3), 80-85

16 Baensch, H. A. & Debelius, H. (1992): Meerwasser-Atlas Band 1. Mergus Verlag. Melle.

17 Baensch, H. A. & Patzner, R. A. (1998): Meerwasser Atlas Band 7. Mergus Verlag, Melle.

18 Barlow, G. W. (1987): Spawning, eggs and larvae of the longnose filefish Oxymonacanthus longirostris, a monogamous coralivore. Environmental Biology of Fishes. 20(3), 183-194

19 Boenig, I. (2008): Erstmals gezüchtet: der Seegras-Feilenfisch. Der Meerwasseraquarianer. 12(2), 20-22Booth, D. J. & Beretta, G. A. (2002): Changes in a fish assemblage after a coral bleaching event. Marine Ecology Progress Series, Vol. 245: 205-212

20 Brockmann, D. (2000): Fische und Korallen im Meer und im Aquarium. Birgit Schmettkamp Verlag, Bornheim.

21 Brons, R. (2000): Fortpflanzung und Nachzucht von Grundeln. Die Koralle 1(6): 24-26

22 Cato, J.C. & C.L. Brown, C. L. (2003): Marine Ornamental Species: Collection, Culture, and Conservation. Ames, IA: Iowa State Press.

23 Chlupaty, P. (1980): Meine Erfahrungen mit Korallenfischen im Aquarium. Landbuch Verlag, Hannover.Clark, E. & M. J. Stoll & T. K. Alburn & Petzold, R. (2000): Mound-building and feeding behavior of the twostripe goby, Valenciennea helsdingenii, in the south Red Sea. Environmental Biology of Fishes 57: 131-141

24 Cole, K. S. & Hoese, D.F. (2001): Gonad morphology, colony demography and evidence for hermaphroditism in Gobiodon okinawae (Teleostei, Gobiidae). Environmental Biology of Fishes. 61(2): 161-173

25 De Graaf, F. (1976): Tropische Zierfische im Meerwasseraquarium. Verlag J. Neumann-Neudamm, Melsungen.

26 Debelius (1999): Riff-Führer Indischer Ozean. Jahr Verlag, Hamburg.

27 Debelius, H. (2001): Riff-Führer Südostasien. Jahr Verlag. Hamburg.

28 Debelius, H. & Kuiter, R. H. (2003): Kaiserfische – Pomacanthidae. Ulmer Verlag, Stuttgart.
29 Delbeek, C. J. & Sprung, J. (1996): Das Riffaquarium. BSV-Verlag, Bornheim.
30 Delbeek, J. C. (2002): Gelungene Zucht von Centropyge loriculus am Ozeanischen Forschungsinstitut Hawaii. Der Meerwasseraquarianer. 6(2), 11
31 DeLoach, P. (1999): Reef Fish Behavior. New World Publication, Inc., Jacksonville.
32 Eichler, D. & Myers, R. F. (1997): Korallenfische Zentraler Indopazifik. Jahr Verlag, Hamburg.
33 Elliott, J. K. & J. M. Elliott & Mariscal, R. N. (1995): Host selection, location, and association behaviors of anemonefishes in field settlement experiments. Marine Biology 122: 377-389
34 Elliott, J. K. & Mariscal, R. N. (1996): Ontogenetic and interspecific variation in the protection of anemonefishes from sea anemones. Journal of Experimental Marine Biology and Ecology, 208: 57-72
35 Elliott, J. K. & Mariscal, R. N. (2001): Coexistence of nine anemonefish species: differential host and habitat utilization, size and recruitment. Marine Biology 138: 23-36
36 Finck, H. &Frische, J. (2004): Die Familie Pomacentridae – Teil 1: Das Aquarium 38(9), 56-66
37 Fosså, S. A. & Nilsen, A. J. (1993): Korallenriff-Aquarium Band 3. Birgit Schmettkamp Verlag. Bornheim.
38 Franck, D. (1997): Verhaltensbiologie. 3. Völlig neu bearbeitete Auflage. Georg Thieme Verlag. Stuttgart.
39 Fricke, H. W. (1980): Bericht aus dem Riff. Deutscher Taschenbuchverlag, München.
40 Frische, J. & Lissner, C. (1988): Ein Winzling unter den Barschartigen der Feenbarsch Gramma loreto. Tetra International Nr. 87, 25-26
41 Frische, J. (1991): Nachzucht gelungen - Der Samtanemonenfisch Premnas biaculeatus Teil II. Das Aquarium. 25(4), 36-41
42 Frische, J. (1992): das Riff-Aquarium. Tetra Verlag, Melle.
43 Frische, J. (1998): Kaiser- und Falterfische. Bede-Verlag, Ruhmannsfelden.
44 Frische, J. (1999): Erfolgreiche Nachzuchten im Meerwasseraquarium. Bede Verlag, Ruhmannsfelden.
45 Frische, J. (2000): „Blaues Teufelchen" Der Steckbrief eines beliebten Fisches für das Riffaquarium. Aqualog News No. 33, S. 5, 7
46 Frische, J. (2000): „Seltene" Fische im Seewasseraquarium. DATZ 53(6), 22-25
47 Frische, J. (2000): Fische im Riffaquarium. Bede-Verlag, Ruhmannsfelden. 80 S.
48 Frische, J. (2000): Fische mit „langer Nase". Das Aquarium 34(7), 39-44
49 Frische, J. (2001): Handbuch der Meeresaquaristik. Bede Verlag. Ruhmannsfelden.
50 Frische, J. (2002a). Borstenzähner und Blumentiere - geht das? Teil 2 (Schluß): Kaiserfische. Das Aquarium. 36(3), 39-45
51 Frische, J. & Högerl, F. (2002b): Der Weißkäppchen-Anemonenfisch. Das Aquarium 36(7), 48
52 Frische, J. (2002c): Hybriden – eine Laune der Natur? Das Aquarium. 36(10), 56-59
53 Frische, J. & Finck, H. & Barchet, H. & Markus, S. (2002d): Zur Beleuchtung moderner Korallenriff-Aquarien. Teil 1: Die Geschichte der Beleuchtungstechnik und Grundlagen der Photosynthese. Das Aquarium. 36(11), 56-64
54 Frische, J. & Finck, H. (2003): Chaetodon xanthurus – Ein Falterfisch, der die Feueranemone, Anemonia cf. majano, frisst. Das Aquarium 37(6), 52-59
55 Frische, J. & Finck, H. (2004): MiniAtlas Meerestiere. Bede Verlag. Ruhmannsfelden.
56 Frische, J. & Finck, H. (2006): Raue Haut und scheues Wesen – Feilenfische (Teil 2). Die Aquarien und Terrarien Zeitschrift 59(5), 6-9
57 Frische, J. (2008): Im Schutz von Vielen – Schwarmfische die keine sind. Der Meerwasser-Aquarianer 11(4), 48 – 54
58 Frische (2009): Eine ganz prima zu pflegende Grundel-Rarität. Die Aquarien und Terrarien Zeitschrift 62(4), 37-39
59 Frische, J. (2010): Lange bekannt, erst jetzt benannt – Randalls Brunnenbauer. Die Aquarien- und Terrarienzeitschrift 63(6), 36-39.
60 Frische, J. & Kirchhauser, H. (2010): Vielfältige Fahnenbarsche. Der Meerwasseraquarianer. 14(1), 14-31
61 Froese, R. & Pauly, D. (2010): FishBase. World Wide Web electronic publication. www.fishbase.org, version (10/2009).
62 Giacomello, E. & D. Marchini & Rasotto, M. B. (2006): A male sexually dimorphic trait provides antimicrobials to eggs in blenny fish. Biology Letters Vol. 2, 330–333
63 Gladstone, W. (1987a): The courtship and spawning behaviors of Canthigaster valentini (Tetraodontidae). Environmental Biology of Fishes. 20(4), 243-254
64 Gladstone, W. (1987b): Role of female territoriality in social and mating systems of Canthigaster valentini (Pisces: Tetraodontidae): evidence from field experiments. Marine Biology. 96, 185-191
65 Gladstone, W. (1987c): The Eggs and Larvae of the Sharpnose Pufferfish Canthigaster valentini (Pisces: Tetraodontidae) are Unpalatable to other Reef Fishes. Copeia.1, 227-230
66 Göthel, H. (2003): Meeresfauna Rotes Meer Indischer Ozean (Malediven). Ulmer Verlag, Stuttgart.
67 Grobe, J. (1996): Pterapogon kauderni Gelungene Nachzucht des Schwarzweißen Kardinalbarsches. Das Aquarium. (30)10, 35–39
68 Großkopf, J. (1999): Riffbarsche der Gattung Chrysiptera im Aquarium. DATZ 52(9), 48-51
69 Großkopf, J. (2004): Seltene Herzog- und Kaiserfische im Meerwasseraquarium. Der Meerwasseraquarianer. 8(1), 12-22
70 Habermehl, G. G. (1994): Gift-Tiere und ihre Waffen. Springer-Verlag, Berlin.
71 Hawryshyn, C. W. & H. D. Moyer & W. T. Allison & T. J. Haimberger & McFarland, W. N. (2003) : Multidimensional polarization sensitivity in damselfishes. Journal of Comparative Physiology A Neuroethology Sensory Neural and Behavioral Physiology Vol. 189(3), 213-220
72 Hebbinghaus, R. (2001): Verkannte Giftfische: Kugelfische & Co. DATZ 54(1), 18-19
73 Hebbinghaus, R. (2002): Frisst Oxymonacanthus Acropora-Polypen? DATZ 55(3), 46-49
74 Hebbinghaus, R. (2004): Die Erben der Glasrosen - Teil 2. DATZ. 57(3), 14-19

75 Helfman, G. S. & B. B. Collette & Facey, D. E. (1997): The Diversity of Fishes. Blackwell Science, Inc., Amerika.

76 Hioki, S. & Suzuki, K. (1995): Spawning Behavior, Eggs, Larvae, and Hermaphroditism of the Angelfish, Apolemichthys trimaculatus, in Captivity. Bulletin of the Institute of Oceanic Research & Development, Tokai University, 16: 13-22

77 Humann, P. (1999): Reef Fish Behavior Florida Caribbean Bahamas. New World Publications, Inc. Jacksonville, 360 S.

78 ITIS (2010): Integrated Taxonomic Information System, http://www.itis.gov.

79 Johnson, J. (2002): Tetrodotoxin an ancient alkaloid from the sea. http://www.chm.bris.ac.uk/motm/ttx/ttx.htm

80 Jungnickel, P. & Jungnickel, J. (2007): Beobachtungen an den Riff-Fischen von El Quseir. Die Aquarien und Terrarien Zeitschrift 60(1), 22-25

81 Kihslinger, R. L. & Klimley, A. P. (2002): Species Identity and the Temporal Characteristics of Fish Acoustic Signals. Journal of Comparative Psychology 116(2), 210-214

82 Kitamura, J. & Taru, M. & T. Sunobe. (2002): Female preference of the gobiid Fish Eviota abax in relation to elongation of the first dorsal spine in males. Journal of Ethology 20: 133-135

83 Kokita, T. & Nakazono, A. (2001): Rapid response of an obligately corallivorous filefish Oxymonacanthus longirostris (Monacanthidae) to a mass bleaching event. Coral Reefs, 20, 155-158

84 Kuwamura, T. & Nakashima, Y. (1998): New aspects of sex change among reef fishes: recent studies in Japan. Environmental Biology of Fishes 52: 125-135

85 Lange, J. (1986): Korallenfische. Ulmer Verlag, Stuttgart.

86 Latka, R. (2003): Minigrundeln – Fische für Leute, die genauer hinsehen. Der Meerwasseraquarianer. 7(4), 13

87 Latka, R. (2007): Beobachtungen zur Besatzproblematik durch Spitzkopfkugelfische. Der Meerwasseraquarianer 11(2), 58-65.Leis, J. M: & B. M. Carson-Ewart (2000): The larvae of Indo-Pacific coastal fishes. Fauna Malesiana Handbooks. Brill, Leiden.

88 Loch, K. & Loch, W. (2002): Felsenspringer – auf fossilem Riffgestein in der Gezeitenzone des Roten Meeres. Der Meerwasseraquarianer 6(3), 62-64

89 Lorenz, K. (1983): Das sogenannte Böse, 20. Auflage. Deutscher Taschenbuch Verlag. München.

90 Losey jr., G. S. (2003): Crypsis and communication functions of UV-visbile coloration in two coral reef damselfish, Dascyllus aruanus and D. reticulatus. Animal Behaviour, 66(8), 299-307

91 Loya, Y. & R. Klein (1997): Die Welt der Korallen. Jahr Verlag. Hamburg.

92 Mahmud, Y. & O. Arakawa & A. Ichinose & M. B. Tanu & T. Takatani & K. Tsuruda & K. Kawatsu & Y. Hamano & Noguchi, T. (2003): Intracellular visualization of tetrodotoxin (TTX) in the skin of a puffer Tetraodon nigroviridis by immunoenzymatic technique. Toxicon. 41, 605-611.

93 Mai, W. (2007): Die erfolgreiche Aufzucht des Pyjama-Kardinalbarsches (Sphaeramia nematoptera). Der Meerwasseraquarianer, 11(4), 12-?

94 Mai, W. (2009): Leierfische im Meerwasseraquarium. Pflege und Zucht. Natur und Tier-Verlag, Münster.

95 Mai, W. (2009): Zwergbarsche im Meerwasseraquarium. Pflege und Zucht. Natur und Tier-Verlag, Münster.

96 Mann, D. A. & Lobel, P. S. (1997) Propagation of damselfish (Pomacentridae) courtship sounds. The Journal of the Acoustical Society of America, 101(6), 3783-3791

97 Mebs, D. (2000): Gifttiere. Wissenschaftliche Verlagsgesellschaft mbH. Stuttgart.

98 Michael, S. W. (1998): Reef Fishes, Volume 1. Microcosm Ltd. Shelburne.

99 Michael, S. W. (2005): Aquarium Fish: Gobies of the Genus Amblygobius. Advanced Aquarist´s 4(3), http://www.advancedaquarist.com/2005/3/

100 Munday, P. L. & Caley, M. J. & Jones, G. P. 1998. Bidirectional Sex Change in a coral-dwelling Goby. Behavior Ecology & Sociobiology. 43(6): 371-377

101 Munday, P. L. & P. M. Boston & Warner, R. R. (2006): Diversity and flexibility of sex-change strategies in animals. TREND in Ecology and Evolution 21(1), 89-95

102 Munday, P.L. (2001a): Fitness consequences of Habitat use and competition among coral-dwelling Fishes. Oecologia.128(4): 585-593

103 Nakashima, Y. & Kuwamura, T. & Yogo, Y. 1996. Bothways Sex Change in monogamous Coral Gobies, Gobiodon spp. Environmental Biology of Fishes. 46(3): 281-288

104 Nelson, J. S. (2006): Fishes of the World – 4. Auflage. John Wiley & Sons, Inc. New Jersey.

105 Niedermüller, S.K., L. S. Schiemer & Herler, J. (2009): Food selection of a corallivorous butterflyfish Chaetodon austriacus in the Red Sea, with particular emphasis on size and fish symbionts of corals; Journal of Fish Biology. Volume 75 Issue 6, Pages 1496–1504

106 Nuñez-Vázquez, E. J. & M. Yotsu-Yamashita & A. P. Sierra-Beltran & T. Yasumoto & Ochoa, J. L. (2000): Toxicities and distribution of tetrodotoxin in the tissues of puffer fish found in the coast of the Baja California Peninsula, Mexico. Toxicon. 38, 729-734

107 Olivotto, I. & M. Cadinali & L. Barbaresi & F. Maradonna & Carnevali, O. (2003): Coral reef fish breeding: the secrets of each species. Aquaculture, 224: 69-78

108 ORA-Farm (2009): http://www.orafarm.com/

109 Patzner, R. A. & Moosleitner, H. (1999): Meerwasser-Atlas Band 6. Mergus Verlag, Melle, 1150 S.

110 Patzner, R. A. (2006): Partnerschaft von Plattwurm und Steinkoralle. Die Aquarien und Terrarien Zeitschrift 59(12), 22-23

111 Patzner, R. A. (2009): Clownfische und Seeanemonen – eine wunderbare Symbiose. Die Aquarien und Terrarien Zeitschrift 62(9), 42-47

112 Randall, J. E. (2005): Reef and Shore Fishes of the South Pacific. University of Hawaii Press. Honolulu.

113 Reavis, R. H. & Barlow, G. W. (1998): Why is the coral reef fish Valenciennea strigata (Gobiidae) monogamous? Behavior of Ecology and Sociobiology, 43: 229-237

114 Reavis, R. H. (1997a): The natural history of a monogamous coral-reef fish, Valenciennea strigata (Gobiidae): 1. abundance, growth, survival and predation. Environmental Biology of Fishes, 49: 239-246.

115 Reavis, R. H. (1997b): The natural history of a monogamous coral-reef fish, Valenciennea strigata (Gobiidae): 2. behavior, mate fidelity and reproductive success. Environmental Biology of Fishes, 49: 247-257.

116 Rombach, R. (2004): Was ist ein Schwarmfisch? Teil 1: Versuch einer Definition. Das Aquarium 38(8), 4-9

117 Sadovy, Y. & G. Mitcheson & M. B. Rasotto (2001): Early development of the mandarinfish Synchiropus splendidus (Callionymidae), with notes on its fishery and potential for culture. Aquarium Sciences and Conservation 3: 253-263

118 Saito, T & T. Noguchi & Y. Shida & T. Abe & Hashimoto, K. (1991): Screening of tetrodotoxin and its derivatives in puffer related species." Bulletin of the Japanese Society of Scientific Fisheries 57(8), 15-20

119 Sakai, Y. & K. Karino & T. Kuwamura & Y. Nakashima & Maruo, Y. (2003a): Sexually Dichromatic Protogynous Angelfish Centropyge ferrugata (Pomacanthidae) Males Can Change Back To Females. Zoological Science 20: 627-633

120 Sakai, Y. & C. Tsujimura & Y. Nakata & H. Tanabe & Maejima, G. (2003b): Rapid transition in sexual behaviors protogynous sex change in the haremic angelfish Centropyge vrolikii (Pomacanthidae). Ichthyological Research 50: 30-35

121 Schmettkamp, W. (1985): Die Namen unserer Aquarienfische. Landbuch Verlag. Hannover.

122 Schneidewind, F. & Frische, J. (2002): Geschlechtsmerkmale bei Kaiserfischen. Aquaristik Fachmagazin & Aquarium heute. 34(1), 43-45

123 Schneidewind, F. (1999): Kaiserfische. Tetra Verlag, Bissendorf-Wulften.

124 Schneidewind, F. (2003): Preußenfische. Aquaristik Fachmagazin & Aquarium heute 35(2), 76-83

125 Schubert, M. & P. L. Munday & M. J. Caley & G. P. Jones & Llewellyn, L. E. (2003): The toxicity of skin secretions from coral-dwelling gobies and their potential role as a predator deterrent. Environmental Biology of Fishes. 67, 359-367

126 Schütte, H. & Latka, R. (2002): Symbiose-Anemonen. Der Meerwasseraquarianer. 6(2), 12-32Sever, A. (2000): Korallengrundeln im Riffaquarium. Die Koralle 1(6), 24-26

127 Spies, G. (1984): Züchterkniffe VII – Anemonenfische. Alfred Kernen Verlag, Essen.

128 Spreinat, A. (2001): Mimikry bei Acanthurus pyroferus. Das Aquarium. 35(9), 39-42

129 Stratton, R. F. (1992): The Blue Devil. Tropical Fish Hobbyist. 41(4), 30-32

130 Sunobe, T. & A. Nakazono (1999): Alternative mating tactics in the gobiid fish, Eviota prasina. Ichthyological Research, 46(2), 212-215

131 Sunobe, T. (1995): Embryonic Development and Larvae of Three Gobiid Fish, Trimma okinawae, Trimma grammistes and Trimmatom sp. Japan Journal of Ichthyologie, 42(1), 11-16

132 Takamoto, G. & S. Seki & Y. Nakashima & K. Karino & Kuwamura, T. (2003): Protogynous sex change in the haremic triggerfish Sufflamen chrysopterus (Tetraodontiformes). Ichthyological Research 50: 281-283

133 Takegaki, T. (2000): Monogamous mating system and spawning cycle in the gobiid fish Amblygobius phalaena (Gobiidae). Environmental Biology of Fishes 59: 61-67

134 Taru, M. & T. Sunobe (2000): Notes on Reproductive Ecology of the Gobiid Fish Eviota abax at Kominato, Japan. Bulletin of Marine Science, 66(2), 507-512

135 Taylor, M. S. & Van Tasseli, J. L. (2002): Observations on Microhabitat Utilization by Three Widely Distributed Neotropical Gobies of the Genus Elacatinus. Copeia (4): 1134-1136

136 Thaler, E. (1997): „Schau mir in die Augen, Kleines!". Biologie in unserer Zeit 27(1); 17-23

137 Thaler, E. (1998): Meeresfische mit echter Brutpflege - Schwalbenschanz-Riffbarsche! Die Aquarien und Terrarien Zeitschrift. 51(9), 576-582

138 Thaler, E. (1999): Who is Who? Aus der Sexualpraktik eines Streifen-Zwergkaisers Centropyge bispinosus. Die Aquarien und Terrarien Zeitschrift 52(6), 34-36

139 Thaler, E. (2000): Einer für zehn! Die Aquarien und Terrarien Zeitschrift 53(10), 28-33.

140 Thresher, R. E. (1984): Reproduction in Reef Fishes. T. F. H. Publications, Inc. Neptune.

141 Tyler, J. C. & Lange, M. D. (1982): Redescription of the Indo-Australien Filefish Acreichtys radiatus (Popta) (Monacanthidae, Tetraodontiformes). American Museum Novitates. No. 2727, 1-14

142 Vagelli, A. A. & Erdmann, M. (2002): first comprehensive ecological survey of the Banggai cardinalfish, Pterapogon kauderni. Environmental Biology of Fishes 63: 1-8

143 Vagelli, A. A. (2009): Eine Herausforderung für die europäischen Meerwasseraquarianer. Die Aquarien und Terrarien Zeitschrift 62(8), 38-45

144 Whiteman, E. A. & Cote, I. M. (2002): Sex differences in cleaning behaviour and diet of a Caribbean cleaning goby. J. Mar. Biol. Ass. U.K. 82: 655-664

145 Whiteman, E.A. & Côté, I. M. (2004): Monogamy in marine fishes. Biology Reviews 79: 351-375

146 Williams-Bunkley, L. & Williams, E. H. (2000): Juvenile Black Snapper, Apsilus dentatus (Lutjanidae), Mimic Blue Chromis, Chromis cyanea (Pomacentridae). Copeia (2), 579-581

147 Wilson, B. & R. Batty & Dill, L. M. (2003): Pacific and Atlantic herring produce burst pulse sounds. Biology Letters (The Royal Society, London DOI: 10.1098/rsbl.2003.0107)

148 Wilson, S. K. (2000): Trophic status and feeding selectivity of blennies (Blenniidae: Salariini). Marine Biology 136: 431-437

149 Wilson, S. K. (2000): Trophic status and feeding selectivity of blennies (Blenniidae: Salariini). Marine Biology Vol. 136, 431–437

150 World Register of Marine Species (2010): http://www.marinespecies.org/

151 Yoshino, T. & Shimada, K. (2001): Stonogobiops yasha, a new shrimp-associated goby from Japan. Ichthyological Research, 48: 405-408

152 Zamzow, J. P. & G. S. Losey (2002): Ultraviolet radiation aborbance by coral reef fish mucus: photo-protection and visual communication. Environmental Biology of Fishes 63: 41-47

Stichwortverzeichnis